教育部财政部职业院校教师素质提高计划职教师资培养资源开发项目

嵌入式应用技术

主　编　谭博学　万　隆
副主编　巴奉丽　李义明　王　勃

U0352612

机械工业出版社

本教材包括12个项目共39个任务，涵盖单片机集成开发环境的应用、单片机C程序设计基础、单片机应用系统电路设计、I/O口的基本应用、定时器计数器、中断技术、串行通信以及数码管显示、点阵显示、液晶显示、A-D转换、存储器芯片、温度传感器等常用的外围接口电路。同时还通过交通控制系统设计介绍了两种常用的高性能单片机，加深了学生对嵌入式应用技术的理解。

本教材采用工作过程系统化的教学思想，重点培养学生对实际项目的研发能力。在内容选择上，本教材以实际项目为载体，通过项目化教学手段，在有限的教学时间内，引入最实用的知识和技能，掌握嵌入式开发的具体应用和工作过程。

本教材主要用于职教师资本科电气工程及其自动化专业，也可以作为电气工程技术人员的参考书。

图书在版编目（CIP）数据

嵌入式应用技术/谭博学，万隆主编. —北京：机械工业出版社，2017.3

教育部财政部职业院校教师素质提高计划职教师资培养资源开发项目

ISBN 978-7-111-55875-0

Ⅰ.①嵌…　Ⅱ.①谭…②万…　Ⅲ.①微处理器-系统设计-师资培训-教材　Ⅳ.①TP332.021

中国版本图书馆CIP数据核字（2016）第323353号

机械工业出版社（北京市百万庄大街22号　邮政编码100037）
策划编辑：王雅新　责任编辑：王雅新　路乙达　刘丽敏
责任校对：陈　越　封面设计：马精明
责任印制：李　飞
北京振兴源印务有限公司印刷
2017年5月第1版第1次印刷
184mm×260mm·16.25印张·1插页·393千字
0001—2000册
标准书号：ISBN 978-7-111-55875-0
定价：37.00元

出　版　说　明

《国家中长期教育改革和发展规划纲要（2010—2020 年）》颁布实施以来，我国职业教育进入加快构建现代职业教育体系、全面提高技能型人才培养质量的新阶段。加快发展现代职业教育，实现职业教育改革发展新跨越，对职业学校"双师型"教师队伍建设提出了更高的要求。为此，教育部明确提出，要以推动教师专业化为引领，以加强"双师型"教师队伍建设为重点，以创新制度和机制为动力，以完善培养培训体系为保障，以实施素质提高计划为抓手，统筹规划，突出重点，改革创新，狠抓落实，切实提升职业院校教师队伍整体素质和建设水平，加快建成一支师德高尚、素质优良、技艺精湛、结构合理、专兼结合的高素质专业化的"双师型"教师队伍，为建设具有中国特色、世界水平的现代职业教育体系提供强有力的师资保障。

目前，我国共有 60 余所高校正在开展职教师资培养，但由于教师培养标准的缺失和培养课程资源的匮乏，制约了"双师型"教师培养质量的提高。为完善教师培养标准和课程体系，教育部、财政部在"职业院校教师素质提高计划"框架内专门设置了职教师资培养资源开发项目，中央财政划拨 1.5 亿元，系统开发用于本科专业职教师资培养标准、培养方案、核心课程和特色教材等系列资源。其中，包括 88 个专业项目、12 个资格考试制度开发等公共项目。该项目由 42 家开设职业技术师范专业的高等学校牵头，组织近千家科研院所、职业学校、行业企业共同研发，一大批专家学者、优秀校长、一线教师、企业工程技术人员参与其中。

经过三年的努力，培养资源开发项目取得了丰硕成果。一是开发了中等职业学校 88 个专业（类）职教师资本科培养资源项目，内容包括专业教师标准、专业教师培养标准、评价方案，以及一系列专业课程大纲、主干课程教材及数字化资源：二是取得了 6 项公共基础研究成果，内容包括职教师资培养模式、国际职教师资培养、教育理论课程、质量保障体系、教学资源中心建设和学习平台开发等；三是完成了 18 个专业大类职教师资资格标准及认证考试标准开发。上述成果，共计 800 多本正式出版物。总体来说，培养资源开发项目实现了高效益：形成了一大批资源，填补了相关标准和资源的空白；凝聚了一支研发队伍，强化了教师培养的"校—企—校"协同；引领了一批高校的教学改革，带动了"双师型"教师的专业化培养。职教师资培养资源开发项目是支撑专业化培养的一项系统化、基础性工程，是加强职教教师培养培训一体化建设的关键环节，也是对职教师资培养培训基地教师专业化培养实践、教师教育研究能力的系统检阅。

自 2013 年项目立项开题以来，各项目承担单位、项目负责人及全体开发人员做了大量深入细致的工作，结合职教教师培养实践，研发出很多填补空白、体现科学性和前瞻性的成果，有力推进了"双师型"教师专门化培养向更深层次发展。同时，专家指导委员会的各位专家以及项目管理办公室的各位同志，克服了许多困难，按照两部对项目开发工作的总体要求，为实施项目管理、研发、检查等投入了大量时间和心血，也为各个项目提供了专业的咨询和指导，有力地保障了项目实施和成果质量。在此，我们一并表示衷心的感谢。

编写委员会
2016 年 3 月

项目专家指导委员会

前　言

"十二五"期间，教育部、财政部启动了"职业院校教师素质提高计划本科专业职教师资培养资源开发项目"，其指导思想为：以推动教师专业化为引领，以高素质"双师型"师资培养为目标，完善职教师资本科培养标准及课程体系。

本教材是"职教师资本科电气工程及其自动化专业培养标准、培养方案、核心课程和特色教材开发项目"的成果之一，是根据电气工程及其自动化专业以及中等职业学校教师岗位的职业性和师范性特点，在现代教育理念指导下，经过广泛的国内外调研，吸取国内外近年来的研究与改革成果，充分考虑我国职业教育教师培养的现实条件、教师基本素养和专业教学能力，以职教师资人才成长规律与教育教学规律为主线，以中等职业学校"双师型"教师职业生涯可持续发展的实际需求为培养目标，按照开发项目中"嵌入式应用技术"课程大纲，经过反复讨论编写而成的。

全书共分 12 个项目，包括：

项目 1　单片机控制 LED

项目 2　单片机控制数码管显示系统设计

项目 3　基于定时器的精确定时应用

项目 4　多功能数字钟的设计

项目 5　蜂鸣器的发声控制

项目 6　基于 RS-232 的串口通信接口设计

项目 7　数据采集系统设计

项目 8　点阵显示系统设计

项目 9　基于单片机的数字马表设计

项目 10　单点温度测量显示控制系统

项目 11　基于 MSP430 单片机的交通灯控制系统设计

项目 12　基于 STM32 单片机的交通灯控制系统设计

本教材结合理论与实践一体化的开发思路，以工作过程系统化创新课程设计理念为导向，对教学内容进行知识的解构与重构，实现技能与知识的整合。在教学方法上，通过对不同任务中具体工作过程的系统化设计，对具体任务的重复性、递进性进行讨论，在重复中强化，在递进中学习，解决了工作中变与不变的问题，实现了行动与思维的跃迁。

参与本书编写工作的有：谭博学，负责策划、制定编写大纲，参与项目 1 和项目 8 的编写；万隆，负责教材中项目和任务的选题和制定，电路的设计、软件代码的编写以及项目 2 ~ 项目 4、项目 9、项目 12 的编写，参与制定编写大纲；巴奉丽，负责查阅参考文献和文字整理工作，参与项目 5、项目 6 的编写以及软件代码的编写与调试；李义明，负责软件代码的编写与调试工作，参与项目 7、项目 10 的编写和任务制定；王勃，负责电路原理图的绘制工作，参与项目 11 的编写和任务制定；陈利平，参与部分项目和任务制定、软件代码的编写与调试工作；刘超，参与部分项目和任务制定、提供了相关素材以及文字整理工作；刘旭东，参与部分项目和任务制定、提供了相关素材以及文字整理工作。在项目评审过程中，专家指导委员会刘来泉（中国职业教育技术协会）、姜大源（教育部职业技术教育中心研究所）、沈希（浙江农林大学）、吴全全（教育部职业技术教育中心研究所教师资源研究室）、张元利（青岛科技大学）、韩亚兰（佛山市顺德区梁球琚职业技术学校）、王继平（同济大学职业技术教育学院）对本教材的编写提出了最宝贵意见，在此表示最诚挚的敬意和感谢！另外，教材编写过程中参考了相关资料和教材，在此向这些文献的原作者表示衷心感谢！

限于编写组理论水平和实践经验，书中不妥之处敬请广大读者批评指正。

编　者

目 录

绪论

计算机从诞生至今大体形成了以下几个分支：

（1）大型、超大型计算机，主要应用于国防、军事、大型科研机构。

（2）台式机、笔记本，主要面向普通用户，用于研发、办公、娱乐等多种活动。

（3）嵌入式微控制器，嵌入式微控制器根据其性能及应用领域又可以大体分成两大类：一类是以 ARM 内核为代表的 32 位微处理器为代表，主要应用消费类电子产品（如智能手机、网络机顶盒、平板电脑）、智能家居（智能家电）、物联网、汽车电子等高端电子领域，需要与嵌入式操作系统以及众多应用软件配合工作；另一类是以传统的 51、AVR、MSP430 等 8 位、16 位微控制器为代表，主要应用于工业自动化控制、机电设备、专用仪器仪表、终端数据采集、传统家用电器等领域。

本书将通过实际应用案例针对嵌入式应用中微控制器的基本应用技术作详细介绍。

项目1 单片机控制LED

本项目将从应用的角度，通过具体的案例介绍单片机的使用方法。学习单片机的关键是熟悉 I/O 口和中断应用。本项目将通过对单片机最小系统的学习，了解单片机的引脚分布与功能。51 系列单片机有 4 组 I/O 端口，每组端口都是 8 位准双向口，共 32 个引脚。每个端口都包括一个锁存器（即专用寄存器 P0 ~ P3）、一个输出驱动器和一个输入缓冲器。通常把 4 组端口笼统地表示为 P0 ~ P3。

● **项目目标与要求**

◇ 熟悉单片机软件集成开发环境与调试技巧

◇ 画出单片机控制发光二极管（LED）的电路原理图

◇ 掌握单片机输入输出端口的控制方式

● **项目工作任务**

◇ 在最小系统的基础上搭建控制 LED 的电路原理图

◇ 建立软件开发环境，编写控制程序，并编译生成目标文件

◇ 下载到开发板，调试通过

任务 1.1　点亮一个 LED 小灯

1. 工作任务描述

设计出能够驱动 8 个 LED 工作的基本电路，并点亮 P00 控制的小灯 L1。

2. 工作任务分析

单片机最小工作系统已经搭建成功，可以在最小系统的基础上用单片机 P0 端口的 8 根引脚分别接一个 LED，LED 的阴极接单片机的端口，阳极通过一个 1kΩ 的限流电阻连接到电源 Vcc（Vcc 为 +5V），然后让 P0 口输出对应电平状态即可。

3. 工作步骤

步骤一：搭建最小系统电路，设计 LED 驱动电路。

步骤二：了解单片机端口的输出控制方式。

步骤三：打开集成开发环境，建立一个新的工程。

步骤四：编写控制程序，编译生成目标文件。

步骤五：下载调试。

4. 工作任务设计方案及实施

最小系统电路如图 1-1 所示，LED 驱动电路如图 1-2 所示。

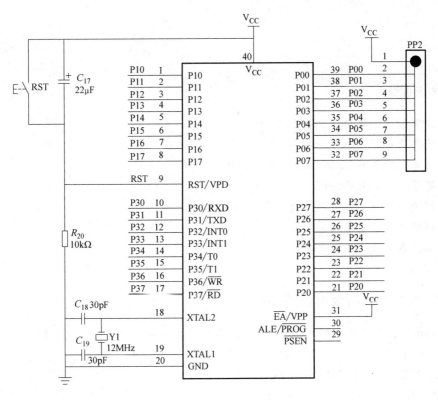

图 1-1　单片机最小系统电路

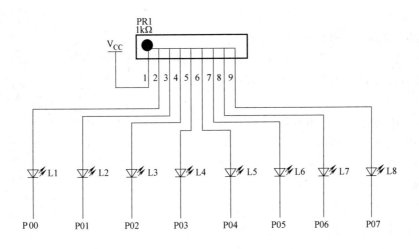

图 1-2　LED 驱动电路

程序示例如下：

```
#include <REGX51.H>
#define LED P0 //宏定义,LED 等同于 P0
```

```
void main()
{
    LED = 0xff;//先初始化小灯为熄灭状态
    LED = 0xfe;//点亮 L1
    while(1);
}
```

● **问题及知识点引入**

◇ 为什么控制端口的标识符写作 P0？

◇ 为什么将 0xff 赋给 P0 口，小灯就会全灭，将 0xfe 赋给 P0，小灯就会被点亮？

◇ 为什么最后要有 while （1）；这条语句？

◇ 了解单片机的引脚功能

◇ 了解单片机的工作时序，时钟电路的设计

◇ 了解单片机的复位工作方式

◇ 了解工程创建的基本步骤

◇ 了解端口的基本结构

1.1.1 51 系列单片机的引脚及功能

51 系列单片机有 3 种封装形式：40 引脚双列直插封装（DIP）方式、44 引脚 PLCC 封装方式、48 引脚 DIP 封装方式。下面以 40 引脚双列直插封装方式为例，简单介绍 51 单片机的引脚分布及功能。图 1-3 所示为 51 单片机的引脚分布。

1. 电源及时钟引脚

V_{CC}（40 引脚）：主电源正端，接 +5V。

V_{SS}（20 引脚）：主电源负端，接地。

XTAL1（19 引脚）：片内高增益反相放大器的输入端接外部石英晶体和电容的一端。若使用外部输入时钟，该引脚必须接地。

XTAL2（18 引脚）：片内高增益反向放大器的输出端。接外部石英晶体和电容的另一端，若使用外部输入时钟，该引脚作为外部输入时钟的输入端。

2. 控制信号引脚

RESET/V_{PD}（9 引脚）：RESET 是复位信号输入端、高电平有效，此端保持两个机器周期（24 个时钟

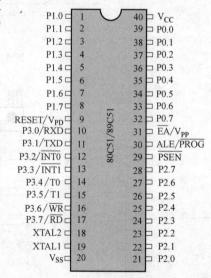

图 1-3　51 单片机引脚分布

周期）以上的高电平时，就可以完成复位操作。RESET 引脚的第二功能 V_{PD}，即备用电源的输入端。当主电源 V_{CC} 发生故障降低到低电乎规定值时，将 +5V 电源自动接入 RST 端为 RAM 提供备用电源，以保证存储在 RAM 中的信息不丢失，从而使复值后能继续正常运行。

ALE/$\overline{PROG}$（30 引脚）：地址锁存控制信号。在总线方式扩展时，ALE 用于控制把 P0 口输出的低 8 位地址送入锁存器锁存起来，以实现低位地址和数据的分时传送，目前基本不

用。除此之外，ALE 是以六分之一晶振频率的固定频率输出的正脉冲，可作为外部时钟或外部定时脉冲使用。

$\overline{\text{PSEN}}$（29 引脚）：总线扩展方式下，程序存储器的读允许信号输出端，目前基本不用。

$\overline{\text{EA}}/\text{V}_{\text{PP}}$（31 引脚）：片内程序存储器选通控制端。低电平有效。当 EA 端保持低电平时。将只访问片外程序存储器。当 EA 端保持高电平时，执行访问片内程序存储器，但在 PC（程序存储器）值超过 0FFFH（对 51 子系列）或 1FFFH（对 52 子系列）时，将自动转向执行片外程序存储器内的程序。

3. 输入输出引脚

P0 口（P0.0 ~ P0.7，39 引脚 ~ 32 引脚）：P0 有两种工作方式。作为普通 I/O 使用时，它是一个 8 位漏极开路型准双向 I/O 端口，每一位可驱动 8 个 LSTTL 负载。若驱动普通负载，它只有 1.6mA 的灌电流驱动能力，拉负载能力仅为几十微安。高电平输出时，要接上拉电阻以增大驱动能力。作为普通输入接口时，应先向 P0 口锁存器写"1"。

P1 口（P1.0 ~ P1.7，1 引脚 ~ 8 引脚）：P1 口是唯一的单功能接口，仅能作为通用 I/O 接口用。它是自带上拉电阻的 8 位准双向 I/O 端口，每一位可驱动 4 个 LSTTL 负载。当 P1 口作为输入接口时，应先向 P1 口锁存器写"1"。

P2 口（P2.0 ~ P2.7，21 引脚 ~ 28 引脚）：P2 口是自带上拉电阻的 8 位准双向 I/O 接口，每一位可驱动 4 个 LSTTL 负载。当 P2 口作为输入接口时，应先向 P2 口锁存器写"1"。

P3 口（P3.0 ~ P3.7，10 引脚 ~ 17 引脚）：P3 口也是自带上拉电阻的 8 位准双向 I/O 接口，每一位可驱动 4 个 LSTTL 负载。当 P3 口作为输入接口时，应先向 P3 口锁存器写"1"。P3 口除了作为一般准双向 I/O 接口使用外，每个引脚还有第二功能，见表 1-1。

表 1-1　P3 口每个引脚的第二功能

P3 口	第 二 功 能
P3.0	RXD（串行接收）
P3.1	TXD（串行发送）
P3.2	INT0（外部中断 0 输入，低电平或下降沿有效）
P3.3	INT1（外部中断 1 输入，低电平或下降沿有效）
P3.4	T0（定时器 0 外部输入）
P3.5	T1（定时器 1 外部输入）
P3.6	WR（外部数据 RAM 写使能信号，低电平有效）
P3.7	RD（外部数据 RAM 读使能信号，低电平有效）

1.1.2　时钟电路与时序

时钟电路用于产生单片机工作所需要的时钟信号，而时序所研究的是指令执行中各信号之间的相互关系。单片机是在统一的时钟脉冲控制下一拍一拍地进行工作的，这个脉冲是由单片机控制器中的时序电路发出的。为了保证各部件间的同步工作，单片机内部电路应在唯一的时钟信号控制下严格按时序进行工作。

1. 时钟电路

在 51 单片机内部有一个高增益反相放大器，其输入端为芯片引脚 XTAL1，输出端为引脚 XTAL2，在芯片的外部通过这两个引脚跨接晶体振荡器和微调电容，形成反馈电路，就构成了一个稳定的自激振荡器。如图 1-4 所示。电路中的电容一般取 30pF 左右，而晶体的振荡频率范围通常是 1.2 ~ 12MHz。

2. CPU 时序

振荡器产生的时钟周期经脉冲分配器，可产生多相时序，如图 1-5 所示。51 单片机的时序单位共 4 个，从小到大依次是：节拍、状态、机器周期和指令周期。

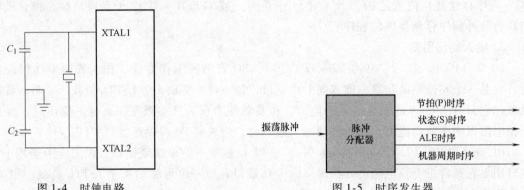

图 1-4　时钟电路　　　　　　　　　图 1-5　时序发生器

各时序单位之间的关系如图 1-6 所示。CPU 执行一条指令的时间称为指令周期，一般由若干个机器周期组成。指令不同，所需要的机器周期数也不同，有单周期指令、双周期和三周期指令之分。而一个机器周期由 6 个状态周期组成，一个状态又包括两个节拍。

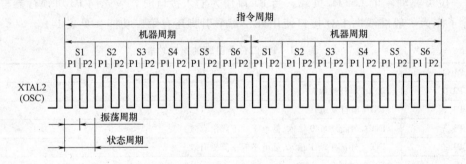

图 1-6　各时序单位之间的关系

1.1.3　复位电路

复位是单片机的初始化操作，主要功能是把 PC 初始化为 0000H，使单片机从 0000H 单元开始执行程序。只要给单片机的 RESET 引脚加上两个机器周期以上的高电平信号，就可以使单片机复位。除了进入系统的正常初始化外，当由于程序运行出错或操作错误使系统处于死锁状态时，也需要按复位键重新启动，因此复位是一个很重要的操作方式。单片机本身一般是不能自动进行复位的（在热启动时本身带有看门狗复位电路的单片机除外），必须配合相应的外部电路才能实现。单片机的复位都是靠外部电路实现的，分为上电自动复位和手动按键复位。复位电路的设计与原理将在 2.2.2 节中通过最小系统电路设计进行说明。

除 PC 之外，复位操作还对其他一些寄存器有影响，它们的复位状态见表 1-2。复位后除（SP）= 07H，P0、P1、P2、P3 为 0FFH 外，其他寄存器都为 0。

表1-2 复位时各寄存器的状态

寄存器	复位状态	寄存器	复位状态
PC	0000H	TMOD	00H
ACC	00H	TCON	00H
B	00H	TH0	00H
PSW	00H	TL0	00H
SP	07H	TH1	00H
DPTR	0000H	TL1	00H
P0 ~ P3	0FFH	SCON	00H
IP	00H	SBUF	不定
IE	00H	PCON	0XXXXXXB

下面结合图1-1所示的单片机最小系统电路，对单片机的两种复位过程进行介绍。

1. 上电复位

单片机上电时，首先要进行初始化操作，而初始化的条件就是要在 RST 引脚上提供一个超过两个机器周期的高电平。上电初始，回路中有电容 C_{17}、电阻 R_{20}，此时电容还没有被充电，两端没有电压，根据分压原理，V_{CC} 提供的 5V 电压全部被分配在电阻 R_{20} 上，此时 RST 引脚为高电平。随着电容的逐步充电，电压逐渐向电容 C_{17} 上转移，R_{20} 上的电压就会逐渐变小，R_{20} 上电压逐渐变小的时间正好可以使 RST 引脚的电压维持在高电平两个机器周期以上，满足使单片机复位的条件。当电容充满电时，5V 电压几乎全部被备份到电容 C_{17} 上，电阻 R_{20} 上电压接近零，RST 引脚为低电平，单片机开始正常工作。

2. 手动复位

单片机在工作过程中，如果由于某种原因导致"程序跑飞"或"死机"，在没有看门狗电路的情况下，手动复位是最简单的办法。当复位按键 RST 被按下时，V_{CC} 的电压全部作用在 R_{20} 上，此时复位引脚 RST 端变为高电平，电容 C_{17} 迅速放电，按键 RST 松开，该支路断开，由于 C_{17} 放空，所以 V_{CC} 的电压又全部承载在 R_{20} 身上，复位引脚 RST 端电压重变为高电平，C_{17} 又开始充电，电压又逐渐向 C_{17} 上转移，此时单片机重复上电复位过程。

1.1.4 工程建立和编译的基本步骤

工程的建立是基于编译软件的，本书采用的编译环境是 Keil，将在后续章节作详细介绍。这里只是简单演示工程建立、编译链接的基本步骤。

（1）启动 Keil C 软件，进入如图1-7所示的初始界面。

（2）鼠标左键单击菜单栏中的"project->New Project"选项，在弹出的对话框中输入工程名称 1s_ xunhuan，并选择合适的路径（通常为每一个工程建一个同名或同意的文件夹，这样便于管理），单击"保存"按钮，这样就创建了一个文件名为 1s_ xunhuan. uv2 的新工程文件，如图1-8所示。

（3）单击"保存"后，弹出如图1-9所示的器件选择对话框，选取单片机的厂家和型号。

（4）选择完器件后，单击"确定"，弹出如图 1-10 所示的询问对话框，选择"是"建立工程完毕。

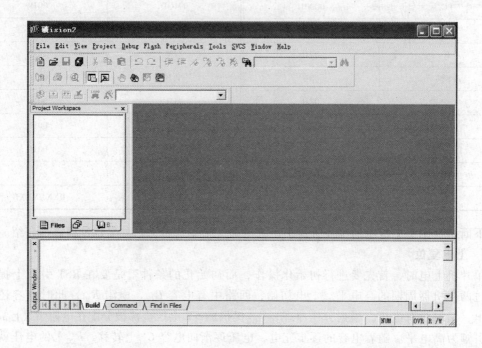

图 1-7　初始界面

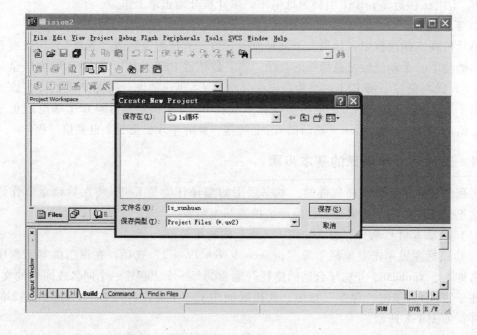

图 1-8　新建工程界面

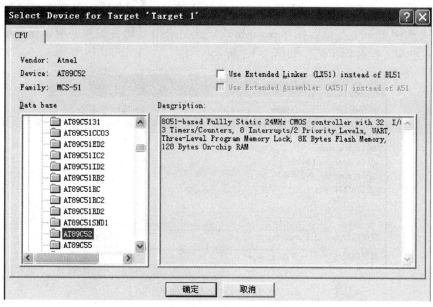

图 1-9 器件选择对话框

图 1-10 询问对话框

（5）单击菜单栏中的"File->New"选项或工具栏中的 New 图标，新建一个空白文本文件，如图 1-11 所示。

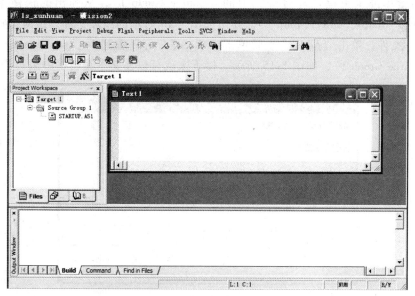

图 1-11 新建文本

（6）然后单击"File->Save"选项或工具栏中的 Save 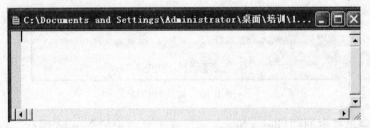 图标，保存文件。汇编语言保存成 A51 或 ASM 格式，C 语言保存成 .c 格式。这里采用 C 语言编写，所以保存成 .c 格式，文件名称一般与工程名称相同，如图 1-12 所示。

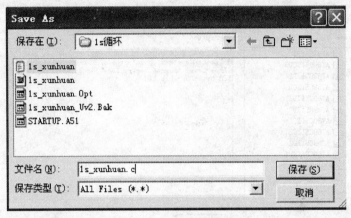

图 1-12　文件保存类型

（7）单击"保存"，命名后的文本对话框如图 1-13 所示。

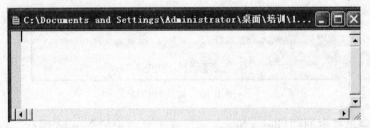

图 1-13　命名后的文本对话框

（8）右键单击"工程管理窗口"中的"Source Group 1"，从弹出的快捷菜单中选择"Add"File to Group"Source Group 1"，弹出如图 1-14 所示的添加文件到组对话框。选择 1s_ xunhuan. c 文件，单击"Add"，然后单击"Close"，可以看到 1s_ xunhuan. c 文件已经被添加到"Source Group 1"，如图 1-15 所示。接下来就可以在文本编辑框中编写程序了。

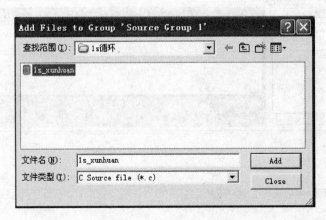

图 1-14　添加文件到组对话框

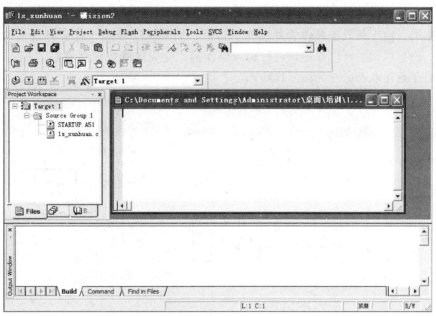

图 1-15　添加完成后的界面

（9）在文本框中编写完程序，编译即可生成目标文件，编译结果如图 1-16 所示。

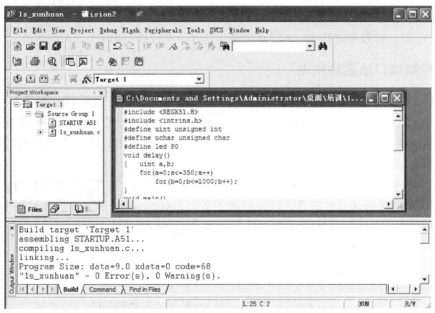

图 1-16　编译结果

上述操作简单演示了单片机软件的开发流程，通过这个案例可以使读者对单片机软件开发的基本过程以及编译环境的基本应用有一个基本认识。在以后进行较复杂的单片机软件系统设计时，也基本按照这个流程。

1.1.5　P0 口的位电路结构及特点

P0 口位结构如图 1-17 所示。当作为普通 I/O 来用时，P0 口为一个准双向口。准双向口是在读数据之前，先要向相应的锁存器作写 1 操作的 I/O 口。从图 1-17 中可以看出，在读入端口数据时，由于场效应晶体管并接在引脚上，如果 VT2 导通，就会将输入的高电平拉成低电平，产生误读。所以在端口进行输入操作前，应先向端口锁存器写"1"，使 VT2 截止，引脚处于悬浮状态，变为高阻抗输入。

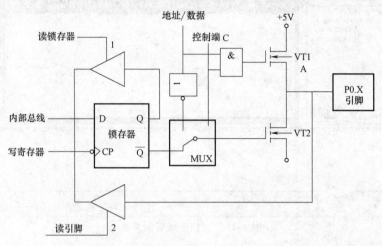

图 1-17　P0 口位结构

但在实际的应用中并没有太复杂，当想要改变端口状态时，只需要把相应数字状态值赋给 P0 口就可以，和数字电路中一样，0 代表低电平，1 代表高电平。

1.1.6　控制端口的名称依据

"为什么控制端口的标识符写作 P0？"，下面要对这个问题进行说明。就像 1 + 1 为什么等于 2 一样，在头文件中设置并规定了端口的名称，其实就是把端口的实际地址（讲数据存储器的时候提到寄存器的地址分配，但记住这些数字编码并不是一件很容易的事）对应一个比较容易记忆的名称。

下面一起来看一下关于这些名称在头文件中的定义。在程序的开头有 "# include < reg51. h >" 这条语句，它的含义已经很清楚了，但对于 reg51. h 文件内部却还不了解，在看过该文件的内容后，问题也就清楚了。

```
/* ---------------------------------------------------------------------------
AT89X51.H


Header file for the low voltage Flash Atmel AT89C51 and AT89LV51.
Copyright (c) 1988-2002 Keil Elektronik GmbH and Keil Software, Inc.
All rights reserved.
---------------------------------------------------------------------*/
#ifndef __AT89X51_H__
#define __AT89X51_H__
/* ------------------------------------------------
Byte Registers
------------------------------------------*/
```

```
sfr P0       = 0x80;
sfr SP       = 0x81;
sfr DPL      = 0x82;
sfr DPH      = 0x83;
sfr PCON     = 0x87;
sfr TCON     = 0x88;
sfr TMOD     = 0x89;
sfr TL0      = 0x8A;
sfr TL1      = 0x8B;
sfr TH0      = 0x8C;
sfr TH1      = 0x8D;
sfr P1       = 0x90;
sfr SCON     = 0x98;
sfr SBUF     = 0x99;
sfr P2       = 0xA0;
sfr IE       = 0xA8;
sfr P3       = 0xB0;
sfr IP       = 0xB8;
sfr PSW      = 0xD0;
sfr ACC      = 0xE0;
sfr B        = 0xF0;
/* ------------------------------------------------
P0 Bit Registers
-----------------------------------------------*/
sbit P0_0 = 0x80;
sbit P0_1 = 0x81;
sbit P0_2 = 0x82;
sbit P0_3 = 0x83;
sbit P0_4 = 0x84;
sbit P0_5 = 0x85;
sbit P0_6 = 0x86;
sbit P0_7 = 0x87;
/* ------------------------------------------------
PCON Bit Values
-----------------------------------------------*/
#define IDL_     0x01

#define STOP_    0x02
#define PD_      0x02    /* Alternate definition */

#define GF0_     0x04
#define GF1_     0x08
#define SMOD_    0x80
```

```
/* ------------------------------------------------
TCON Bit Registers
----------------------------------------------*/
sbit IT0   = 0x88;
sbit IE0   = 0x89;
sbit IT1   = 0x8A;
sbit IE1   = 0x8B;
sbit TR0   = 0x8C;
sbit TF0   = 0x8D;
sbit TR1   = 0x8E;
sbit TF1   = 0x8F;
/* ------------------------------------------------
TMOD Bit Values
----------------------------------------------*/
#define T0_M0_    0x01
#define T0_M1_    0x02
#define T0_CT_    0x04
#define T0_GATE_  0x08
#define T1_M0_    0x10
#define T1_M1_    0x20
#define T1_CT_    0x40
#define T1_GATE_  0x80

#define T1_MASK_  0xF0
#define T0_MASK_  0x0F


/* ------------------------------------------------
P1 Bit Registers
----------------------------------------------*/
sbit P1_0 = 0x90;
sbit P1_1 = 0x91;
sbit P1_2 = 0x92;
sbit P1_3 = 0x93;
sbit P1_4 = 0x94;
sbit P1_5 = 0x95;
sbit P1_6 = 0x96;
sbit P1_7 = 0x97;


/* ------------------------------------------------
SCON Bit Registers
----------------------------------------------*/
sbit RI   = 0x98;
sbit TI   = 0x99;
```

```
sbit RB8    = 0x9A;
sbit TB8    = 0x9B;
sbit REN    = 0x9C;
sbit SM2    = 0x9D;
sbit SM1    = 0x9E;
sbit SM0    = 0x9F;


/* ------------------------------------------------
P2 Bit Registers
--------------------------------------------- */
sbit P2_0 = 0xA0;
sbit P2_1 = 0xA1;
sbit P2_2 = 0xA2;
sbit P2_3 = 0xA3;
sbit P2_4 = 0xA4;
sbit P2_5 = 0xA5;
sbit P2_6 = 0xA6;
sbit P2_7 = 0xA7;


/* ------------------------------------------------
IE Bit Registers
--------------------------------------------- */
sbit EX0    = 0xA8;      /*1 = Enable External interrupt 0 */
sbit ET0    = 0xA9;      /* 1 = Enable Timer 0 interrupt */
sbit EX1    = 0xAA;      /* 1 = Enable External interrupt 1 */
sbit ET1    = 0xAB;      /* 1 = Enable Timer 1 interrupt */
sbit ES     = 0xAC;      /*1 = Enable Serial port interrupt */
sbit ET2    = 0xAD;      /* 1 = Enable Timer 2 interrupt */


sbit EA   = 0xAF;        /* 0 = Disable all interrupts */
/* ------------------------------------------------
P3 Bit Registers (Mnemonics & Ports)
--------------------------------------------- */
sbit P3_0 = 0xB0;
sbit P3_1 = 0xB1;
sbit P3_2 = 0xB2;
sbit P3_3 = 0xB3;
sbit P3_4 = 0xB4;
sbit P3_5 = 0xB5;
sbit P3_6 = 0xB6;
sbit P3_7 = 0xB7;


sbit RXD   = 0xB0;       /* Serial data input */
```

```
sbit TXD   = 0xB1;      /*  Serial data output */
sbit INT0  = 0xB2;      /*  External interrupt 0 */
sbit INT1  = 0xB3;      /*  External interrupt 1 */
sbit T0    = 0xB4;      /*  Timer 0 external input */
sbit T1    = 0xB5;      /*  Timer 1 external input */
sbit WR    = 0xB6;      /*  External data memory write strobe */
sbit RD    = 0xB7;      /*  External data memory read strobe */
/* ------------------------------------------------
IP Bit Registers
--------------------------------------------------*/
sbit PX0   = 0xB8;
sbit PT0   = 0xB9;
sbit PX1   = 0xBA;
sbit PT1   = 0xBB;
sbit PS    = 0xBC;
sbit PT2   = 0xBD;


/* ------------------------------------------------
PSW Bit Registers
--------------------------------------------------*/
sbit P     = 0xD0;
sbit FL    = 0xD1;
sbit OV    = 0xD2;
sbit RS0   = 0xD3;
sbit RS1   = 0xD4;
sbit F0    = 0xD5;
sbit AC    = 0xD6;
sbit CY    = 0xD7;


/* ------------------------------------------------
Interrupt Vectors:
Interrupt Address = (Number * 8) + 3
--------------------------------------------------*/
#define IE0_VECTOR   0   /*  0x03 External Interrupt 0 */
#define TF0_VECTOR   1   /*  0x0B Timer 0 */
#define IE1_VECTOR   2   /*  0x13 External Interrupt 1 */
#define TF1_VECTOR   3   /*  0x1B Timer 1 */
#define SIO_VECTOR   4   /*  0x23 Serial port */

#endif
```

1.1.7 端口的输出控制方式

1. 端口字节操作

51 单片机端口的电平状态只有两种：高电平 1，低电平 0。如图 1-2 所示，8 个 LED 阳

极接电源 V_{CC}，如果想让 8 个 LED 点亮，则 LED 的阴极应该为低电平，相反如果想让它们熄灭，则应给它们高电平。因此当想初始化 LED 时，需要让 P0 端口的状态为高电平，方法就是执行 "P0 = 0xff;"（0xff 是十六进制表示法，相当于二进制的 0b00000000）这样一条赋值语句即可。同理，接下来要点亮小灯 L1 时，需要 P0 口的电平状态是低电平，其余 7 个端口为高电平，即执行语句 "P0 = 0xfe;"。这样就用单片机点亮了学习历程中的第一盏小灯。

2. 端口的位操作

那么点亮小灯只有这一种方式吗？当然不是。刚才操作中出现一个问题：在执行 "P0 = 0xfe;" 时，其实只是想改变端口 P00 的状态，但实际上对每个端口都进行了赋值操作，只不过对其他 7 个端口是赋了跟原来相同的值，这种操作方式叫作字节操作。其实可以只对 P00 这一个端口进行操作，这种只对 P0 口中其中一个端口的操作方式叫作位操作，如下例所示：

```
#include <REGX51.H>
#define LED P0 //宏定义,LED 等同于 P0
sbit L1 = P0^0;//位定义,L1 相当于 P00 端口
void main()
{
    LED = 0xff;//先初始化小灯为熄灭状态
    L1 = 0;//点亮 L1
    while(1);
}
```

由上例可知，在改变 P00 口的状态时，使用的是位操作方式，但值得注意的是，如果想使用类似 L1 这样的名称，必须在程序的前面用位定义的方式（通过 sbit 定义）来声明一下，否则的话，就必须严格按照头文件里对端口 P00 规定的名称，即 P0_0，对应的语句 "L1 = 0;" 应写成 "P0_0 = 0;"。

1.1.8 关键的 while（1）

为什么程序的最后都有一句 "while（1）;" 呢？从 C 语言的角度来看，while（1）;其实就是一个死循环，这里之所以有这么一句是为了防止程序跑飞而故意加上的。假设没有这一句的话，当操作程序执行到最后一句时，由于没有后续的语句要执行，但单片机的 PC 指针仍然会执行加一操作，这就有可能发生 PC 指针指向了 ROM 中一个空白的地址上，即程序跑飞。加上 while（1）;语句之后，就能有效地避免这种情况。

有的同学不免会问到，如果想再让单片机干点事情（执行某段程序）的时候应该怎么办。其实单片机的工作机制早就考虑到了这一点，那就是使用中断机制，这个会在后续的章节中介绍。

任务 1.2　控制小灯的亮灭

1. 工作任务描述

设计出能够驱动 8 个 LED 工作的基本电路，并控制小灯 L1 以一定的时间间隔亮灭。

2. 工作任务分析

电路如图 1-2 所示，然后让 P0 口 P00 每隔一段时间输出电平状态翻转一次即可。

3. 工作步骤

步骤一：设计 LED 驱动电路。

步骤二：了解单片机端口的输出控制方式。

步骤三：打开集成开发环境上，建立一个新的工程。

步骤四：编写控制程序，编译生成目标文件。

步骤五：下载调试。

4. 工作任务设计方案及实施

程序示例如下：

```
#include < REGX51.H >
#define LED P0 //宏定义,LED 等同于 P0
sbit L1 = P0^0;//位定义,L1 相当于 P00 端口


void delay();


void main()
{
    LED = 0xff;//先初始化小灯为熄灭状态
    while(1)
    {
        L1 = 0;//点亮 L1
        delay();
        L1 = 1;//熄灭 L1
        delay();
    }
}


void delay()//延时子程序
{   uint a,b;
    for(a = 0;a < =350;a + +)
    for(b = 0;b < =1000;b + +);
}
```

● **问题及知识点引入**

◇ 如何加入时间间隔？基于什么原理？

◇ 掌握 Keil 开发环境的调试技巧

1.2.1 软件延时之 delay( )

如果把亮的状态和灭的状态放到一个循环体里会怎么样？答案是它们会交替地重复执行。如果在这两个状态中间加上一定的时间间隔，那么小灯就会按照预期的结果以一定的时

间间隔亮灭，这个时间间隔就是"delay()；"。delay()函数的内部其实就是两个for循环的嵌套，通过重复执行某些无意义的语句，消耗了单片机的工作时间，从而达到用软件的方式实现延时的目的。软件延时实现起来非常容易，但其不足之处在于C语言实现的软件延时无法达到一个精确的延时时间，且很大程度上消耗了CPU的工作时间，降低了工作效率。在后续章节中，会介绍一种更为精确、有效的设置延时的方式，即通过定时器来实现延时。

1.2.2 Keil软件的调试方法及技巧

前面已经学习了如何建立工程、配置工程、编译链接并获得目标代码，但这只表示源代码没有语法错误，若源程序中存在其他错误，必须通过调试才能发现并解决。事实上，除极简单的程序外，绝大多数程序都要通过反复调试才能得到正确的结果。因此，调试是软件开发中的重要环节，熟练掌握程序的调试技巧可以大大提高工作效率。下面将详细介绍调试的方法。

1. Keil软件的调试方法

当对工程成功地进行编译后，使用菜单"Debug—Start/Stop Debug Session"或直接单击快捷菜单上的 ⓠ 或使用快捷方式，即可以进入调试环境，如图1-18所示。

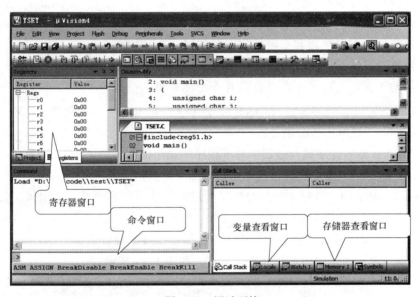

图1-18 调试环境

进入调试状态后，工程管理窗口自动跳转到寄存器窗口，Debug菜单中原来不可以使用的命令现在已经可以使用了，调试工具栏如图1-19所示。

图1-19 调试工具栏

程序调试时，一些程序行必须满足一定的条件才能够被执行。如有键盘输入的程序，程序中要求键盘输入某个指定值时才执行对应程序的情况；有中断产生，执行中断程序；串口接收到数据等。这些条件往往是异步发生的或难以预先设定，使用单步执行的方法很难进行调试，此时就要使用到程序调试中的另一种非常重要的方法——断点调试。

断点调试的方法有很多种，常用的是在某一行程序处设置断点，设置好断点后可以全速运行程序，一旦执行到该行程序即停止执行。可以在此时观察有关变量或寄存器的值，以确定问题所在。在程序行设置/移除断点的方法是将光标定位于需要设置断点的程序行，使用菜单 Debug->Insert/Remove BreakPoint 设置或移除断点（也可以用鼠标在该行双击实现同样的功能）；Debug->Enable/Disable Breakpoin 开启或暂停光标所在行的断点功能；Debug->Disable All Breakpoint 暂停所有断点；Debug->Kill All Break-Point 清除所有的断点设置。

2. 常用调试窗口介绍

（1）功能寄存器查看窗口。功能寄存器查看窗口如图 1-20 所示。寄存器页包括了当前的工作通用寄存器组和部分专用寄存器、系统寄存器组，有一些是实际存在的寄存器，如 A、B、SP、DPTR、PSW 等，有一些是实际中并不存在或虽然存在却不能对其操作的寄存器，如 sec、PC、Status 等。每当程序中执行到对某寄存器操作时，该寄存器会以高亮（蓝底白字）显示，用鼠标单击然后按下 F2 键即可修改该值。

（2）查看窗口。查看窗口是很重要的一个窗口，寄存器窗口中仅可以观察到工作寄存器和有限的寄存器如 A、B、DPTR等，如果需要查看存储器地址的值或者在观察程序中定义变量的值，就要借助于查看窗口了。查看窗口有 4 个标签页，分别

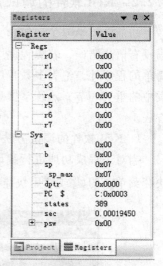

图 1-20　功能寄存器查看窗口

是调用栈（Call Stack）、局部变量（Locals）、查看 1（Watch 1）、存储器 1（Memory 1）以及符号（Symbols），显示内容分别是：

- Call Stack：显示程序执行过程中对子程序的调用情况，如图 1-21 所示。
- Locals：显示用户程序调试过程中当前局部变量的值，如图 1-22 所示。
- Watch 1：显示用户程序中已经设置了的任何变量（例如变量、结构体、数组等）在调试过程中的当前值，如图 1-23 所示。
- Memory 1：显示系统中各种内存中的值，该窗口将单独介绍。
- Symbols：显示调试器中可用的符号信息，如图 1-24 所示。

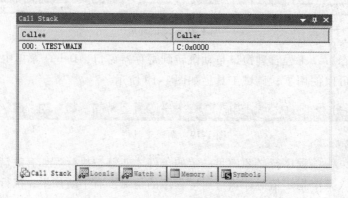

图 1-21　Call Stack 窗口

注意："Locals""Watch1"栏中单击鼠标右键可以改变局部变量或观察点的值按十六进制（HEX）或十进制（Decimal）方式显示，还可以通过选中后按下"F2"键来改变其值。

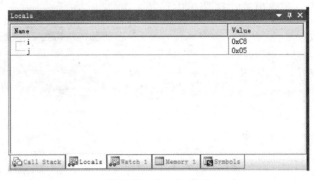

图 1-22　Locals 窗口

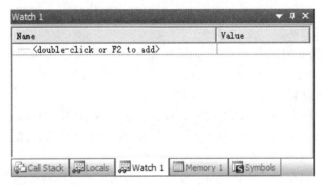

图 1-23　Watch 1 窗口

图 1-24　Symbols 窗口

（3）存储器窗口。存储器窗口如图 1-25 所示，可以显示系统中各种内存中的值。DA-TA 是可直接寻址的片内数据存储区，XDATA 是外部数据存储区，IDATA 是间接寻址的片内数据存储区，CODE 是程序存储区。通过在 Address 后的编辑框内输入"字母：单元地址"即可显示相应内存值。其中字母可以是 C、D、I、X，代表的含义如下：

C：代码存储空间；

D：直接寻址的片内存储空间；

I：间接寻址的片内存储空间；

X：扩展的外部 RAM 空间。

数字代表想要查看的地址。例如输入" D：0x00"即可观察到地址 0 开始的片内 RAM

单元值，输入"C：0x00"即可显示从 0 开始的 ROM 单元中的值，即查看程序的二进制代码。该窗口的显示值可以以各种形式显示，如十进制、十六进制、字符型等，改变显示方式的方法是点鼠标右键，在弹出的快捷菜单中选择，如图 1-26 所示。

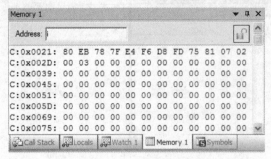

图 1-25 存储器窗口

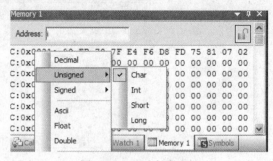

图 1-26 显示方式选择

Decimal 项是一个开关，如果选中该项，则窗口中的值将以十进制的形式显示，否则按默认的十六进制方式显示。

Unsigned 和 Signed 分别代表无符号形式和有符号形式。例如 Unsigned 的 4 个选项：Char、Int、Short、Long，分别代表以字符方式显示、整型数方式显示、短整型数方式显示、长整型方式显示，默认以 Unsigned char 型显示。

选定以上任一选项，内容将以整数形式显示；选中 Ascii 项则将以字符型式显示；选中 Float 项将相邻 4 字节组成的浮点数形式显示；选中 Double 项则将相邻 8 字节组成双精度形式显示。

当需要更改某一内存单元的数值时，使用鼠标双击要改变的数值的单元，直接从键盘输入数值即可。

（4）反汇编窗口。使用 View 菜单栏中的"Disassembly Windows"选项可以打开反汇编窗口，如图 1-27 所示。反汇编窗口用于显示目标程序的汇编语言指令、反汇编代码及其地址，当采用单步或断点方式运行程序时，反汇编窗口的显示内容会随指令的执行而滚动。

```
Disassembly                                          ▼ 耳 ×
     9:              P1=0x01;
⇒C:0x0005    759001    MOV      P1(0x90),#0x01
 C:0x0008    0E        INC      R6
 C:0x0009    BEC8F9    CJNE     R6,#0xC8,C:0005
     10:             for(j=0;j<8;j++)
 C:0x000C    E4        CLR      A
 C:0x000D    FF        MOV      R7,A
 C:0x000E    EF        MOV      A,R7
```

图 1-27 反汇编窗口

反汇编窗口可以使用右键功能。将鼠标指向反汇编窗口并单击右键，可以弹出如图 1-28 所示的快捷菜单。

图 1-28 中，"Mixed Mode"选项采用高级语言与汇编语言混合方式显示；"Assembly Mode"选项采用汇编语言方式显示；"Address Range"选项用于显示用户程序的地址范围；"Show Disassembly at Address…"可以设定跳转的某个地址显示汇编代码；"Set Program Couter"用来设置 PC 指针的值；"Run to Cursor line"表示执行到光标所在行；"Inline Assembly…"选项用于程序调试中的"在线汇编"；"Load Hex or Object file…"用于重新装入

Hex 或 Object 文件进行调试。

（5）命令窗口。可以通过在命令窗口中输入命令来调用 uVision 的调试器的调试功能，例如查看和修改变量或寄存器的内容，如图 1-29 所示。具体命令信息可以查看帮助文件中 "μVision4 User′s Guide→Debugging→Command Window"。

（6）串行窗口。uVision4 提供了几个串行窗口，包括调试浏览器、串行输入和输出且可以不需要外部硬件来模拟 CPU 的 UART。单击 "View → Serial Windows"，出现如图 1-30 所示的串行窗口下拉菜单。另外，串行输出还可以使用命令窗口中的 assign 命令分配给 PC 的 COM 端口。

注意：uVision4 中 printf 函数输出信息需通过 "Debug (printf) Viewer" 窗口显示，当然使用前必须先配置好串口。

图 1-28　快捷菜单

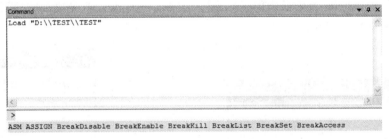

图 1-29　命令窗口

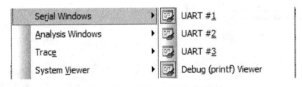

图 1-30　串行窗口下拉菜单

3. 通过 "Peripherals" 菜单观察仿真结果

为了能够比较直观地了解单片机中定时器、中断、输入输出端口、串行口等各模块及相关寄存器的状态，Keil 提供了一些外围接口对话框，可通过 Peripherals 菜单选择。目前 51 型号繁多，不同型号单片机具有不同的外围集成功能，uVison4 通过内部集成器件库实现对各种单片机外围集成功能的模拟仿真，它的选项内容会根据选用的单片机型号而有所变化。针对 51 系列单片机有 Interrupt（中端）、I/O-Ports（输入输出端口）、Serial（串行口）、Timer（定时器/计数器）4 个功能模块，Peripherals 下拉菜单如图 1-31 所示。

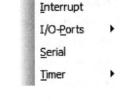

图 1-31　Peripherals
下拉菜单

（1）单击 Peripherals 菜单栏中的 Internet 选项，将弹出如图 1-32 所示的中断系统观察窗口，用于显示 51 单片机中断系统状态。

选中不同的中断源，窗口中"Selected Interrupt"栏中将出现与之相对应的中断允许和中断标志位的复选框，通过对这些状态位的置位和复位操作，很容易实现对单片机中断系统的仿真。对于具有多个中断源的单片机（如 8052 等），除了上述几个基本中断源之外，还可以对其他中断源如监视定时器（Watchdog Timer）等进行模拟仿真。

（2）单击 Peripherals 菜单栏中的"I/O-Port"选项，可对 80C51 单片机的并行 I/O 接口 Port0、Port1、Port2、Port3 进行仿真，选中 Port1 后将弹出如图 1-33 所示的 P1 口观察窗口。其中"P1"

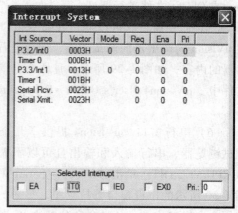

图 1-32　中断系统观察窗口

栏显示了 51 单片机 P1 口锁存器状态，"Pins"栏显示了 P1 口各个引脚的状态，仿真时它们各位的状态可根据需要进行修改。

（3）单击 Peripheral 菜单栏中的"Serial"选项，可对 80C51 单片机的串行口进行仿真，弹出如图 1-34 的串行口观察窗口。

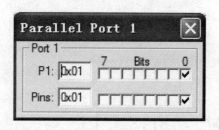

图 1-33　P1 口观察窗口

图 1-34　串行口观察窗口

1）"Mode"栏用于选择串行口的工作方式，单击下拉菜单，可以选择 8 位移动寄存器、8 位/9 位可变波特率 UART、9 位固定波特率 UART 等不同工作方式。选定工作方式后，相应特殊工作寄存器 SCON 和 SBUF 的控制字也显示在窗口中。通过对特殊控制位 SM2、REN、TB8、RB8、TI 和 RI 复选框的置位和复位操作，很容易实现 51 单片机内部串行口的仿真。

2）"Baudrate"栏用于显示串行口的工作波特率，SMOD 置位，波特率会倍增。

（4）单击 Peripherals 菜单中的 Time-> Timer0 即出现如图 1-35 所示的定时器/计数器 0 观察窗口。

1）"Mode"栏用于选择工作方式，可选择定时器或计数器方式。选定工作方式后相应特殊工作寄存器 TCON 和 TMOD 的

图 1-35　定时器/计数器 0 观察窗口

控制字也显示在窗口中，TH0 和 TL0 用于显示计数值，T0 Pin 和 TF0 复选框用于显示 T0 引脚和定时器/计数器溢出状态。

2）"Control"栏用于显示和控制定时器/计数器的工作状态（Run 或 Stop），TR0、GATE 和 INT0 复选框是启动控制位，通过对这些状态位的置位和复位操作，很容易对80C51单片机内部定时器/计数器进行仿真。

其他窗口将在以下的实例中介绍。

调试时，通常仅在单步执行时才观察变量或寄存器的值，当程序全速运行时，变量的值是不更新的，只有在程序运行停止后，才会将这些值最新的变化反映出来。但是在一些特殊场合下，需要在全速运行时观察变量或寄存器值的变化，这时可以单击 View-> Periodic Window Updata（周期更新窗口），即可在全速运行时动态地观察有关值的变化。选中该项，将会使程序模拟执行的速度变慢。

下面通过实例简单介绍一下调试基本过程。以本节控制 LED 亮灭为例，进入调试环境打开 P1 口观察窗口，如图 1-36 所示。

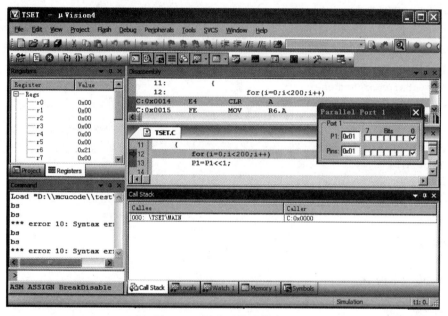

图 1-36　调试环境观察窗口

单击菜单栏中的 Peripherals—I/O Ports—Port 1 打开 P1 口的观察窗口，在"P1 = P1 << 1;"代码行双击，即可创建断点标志。然后按下键盘上的 F5，或用鼠标单击全速运行快捷键，观察程序的执行情况。可以看到程序在执行到断点处时马上停止，并显示当前各个寄存器、端口以及程序中的变量的状态。由图 1-36 可以看出，端口 P1 的第 0 位为高电平其余位为低电平。再按下 F5，可以看到 P0 口各位依次轮流显示高电平。待程序执行完一个周期后，观察程序仿真结果，如果达到预期目的，就可以将程序下载到目标板上，观察实际运行结果。若有问题可以再调试程序，直到实际运行情况达到预期目的。

任务1.3　经典的流水灯控制

1. 工作任务描述

设计出能够驱动 8 个 LED 工作的基本电路，并控制控制 8 个 LED 小灯，从 L1 开始以一

定的时间间隔循环亮灭

2. 工作任务分析

电路如图 1-2 所示，让 P0 口循环输出点亮状态。

3. 工作步骤

步骤一：设计 LED 驱动电路。

步骤二：了解单片机端口的输出控制方式。

步骤三：打开集成开发环境上，建立一个新的工程。

步骤四：编写控制程序，编译生成目标文件。

步骤五：下载调试。

4. 工作任务设计方案及实施

程序示例如下：

```c
#include <REGX51.H>
#include <intrins.h>

#define uint unsigned int
#define uchar unsigned char
#define led P0

void delay()
{    uint a,b;
     for(a=0;a<=350;a++)
     for(b=0;b<=1000;b++);
}
void main()
{
     uchar temp;
     led=0xff;
     temp=0xfe;
     while(1)
     {
          led=temp;
          temp=_crol_(temp,1);
          delay();
     }
}
```

● **问题及知识点引入**

◇ _crol_() 函数的功能是什么？怎么来的？

对于 _crol_() 函数的用法和功能可以直接引用 Keil 的帮助文档的案例来说明，如下
所示：

```c
#include <intrins.h>
```

```
void test_crol (void) {
char a;
char b;

a = 0xA5;
b = _crol_(a,3); /* b now is 0x2D */
}
```

　　这里实际上是通过调用"b = _ crol_ (a, 3);"把无符号字符型变量 a 循环往左移动了 3 位，然后把移位后的值赋给了无符号字符型变量 b。这个函数之所以能够在这里被调用，原因就在于"#include ＜intrins. h＞"，_ crol_ () 函数的声明就在该头文件里。intrins. h 头文件内容如下：

```
/* -------------------------------------------------------------------
INTRINS. H

Intrinsic functions for C51.
Copyright (c) 1988-2004 Keil Elektronik GmbH and Keil Software, Inc.
All rights reserved.
-------------------------------------------------------------------*/

#ifndef __INTRINS_H__
#define __INTRINS_H__

extern void          _nop_    (void);//空操作
extern bit           _testbit_ (bit);//判位指令
extern unsigned char _cror_    (unsigned char, unsigned char);//无符号字符型变量循环右移
extern unsigned int  _iror_    (unsigned int,  unsigned char);//无符号整型变量循环
                                                             右移
extern unsigned long _lror_    (unsigned long, unsigned char);//无符号长整型变量循环右移
extern unsigned char _crol_    (unsigned char, unsigned char);
extern unsigned int  _irol_    (unsigned int,  unsigned char);
extern unsigned long _lrol_    (unsigned long, unsigned char);
extern unsigned char _chkfloat_ (float);
extern void          _push_    (unsigned char _sfr);
extern void          _pop_     (unsigned char _sfr);

#endif
```

　　该头文件中函数对应的功能其实在 51 单片机的汇编指令中都有相同功能的指令，比如 RLC 循环左移、RRC 循环右移、NOP 空操作、JBC 判位指令、PUSH 进栈、POP 出栈等，因此这些函数场被称为本征函数。

任务 1.4　独立按键控制 LED 的亮灭

1. 工作任务描述

设计出能够使用按键控制驱动 LED 亮灭的基本电路，当按下独立按键 KEY1 时点亮 L1，按下 KEY2 点亮 L2，按下 KEY3 点亮 L3，按下 KEY4 点亮 L4。

2. 工作任务分析

LED 的驱动电路如图 1-2 所示，在此基础上在 P15、P16、P17、P33 端口个连接一个按键，按键另一端接地，然后单片机通过识别哪一个按键被按下，来控制对应的 LED 小灯点亮。该任务不仅要用到 I/O 端口的输出控制，同时也包含端口输入状态的读取。

3. 工作步骤

步骤一：设计按键控制 LED 驱动电路。

步骤二：了解单片机端口的输入输出控制方式。

步骤三：打开集成开发环境上，建立一个新的工程。

步骤四：编写控制程序，编译生成目标文件。

步骤五：下载调试。

4. 工作任务设计方案及实施

独立按键电路如图 1-37 所示

程序示例：

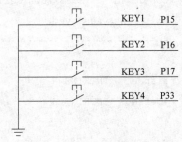

图 1-37　独立按键电路

```c
#include <reg52.h>
#include <intrins.h>

#define uchar unsigned char
#define uint unsigned int
#define LED P0
//独立按键定义
sbit KEY1 = P1^5;
sbit KEY2 = P1^6;
sbit KEY3 = P1^7;
sbit KEY4 = P3^3;

void delay(uint times);//延时函数声明

void main()
{
    while(1)
    {
        if(KEY1 = =0)//判断 key1 有没有被按下
        {
            delay(10);//延时 10ms,去抖动
            if(KEY1 = =0)//再次判断,防止误操作
```

```
        LED = 0xfe;//点亮 L1
    }
    if(KEY2 = =0)
    {
        delay(10);
        if(KEY2 = =0)
        LED = 0xfd;
    }
    if(KEY3 = =0)
    {
        delay(10);
        if(KEY3 = =0)
        LED = 0xfb;
    }
    if(KEY4 = =0)
    {
        delay(10);
        if(KEY4 - =0)
        LED = 0xf7;
    }
    }
}
//带参数延时子程序
void delay(uint times)
{
    uint a,b;
    for (a = 0;a < = times;a + +)
        for(b = 0;b < =1000;b + +);
}
```

- **问题及知识点引入**

◇ 数据如何通过端口输入或者说怎样获取端口状态?

◇ 为什么要去抖动?

1.4.1　端口的数据输入

端口的数据输入问题实际上就是 CPU 如何确认单片机 I/O 口引脚的电平状态。比如最简单的独立按键问题,如图 1-37 所示,当按键 KEY1 被按下时,单片机引脚 P15 接地,此时引脚的电平应为低电平。CPU 如果想知道,则唯一的办法就是把该引脚的状态读进来再判断是"1"还是"0",这就是语句"if(KEY1 = =0)"的由来。当然还可以一次读入 P0 口的整个状态,即语句"a = p0;",其作用是把 P0 的状态读进来存放在变量 a 中,能这么做的原因是 51 单片机的端口即可以位操作也可以字节操作。

1.4.2 按键的去抖动

目前，无论是按键还是键盘，大部分都是利用机械触点的合、断作用。机械触点在闭合及断开瞬间由于弹性作用的影响，在闭合及断开瞬间均有抖动过程，从而使电压信号也出现抖动，如图 1-38 所示。抖动时间长短与开关机械特性有关，一般为 5～10ms。按键的稳定闭合时间，由操作人员的按键动作所确定，一般为十分之几秒至几秒时间。为了保证 CPU 对键的一次闭合仅作一次键输入处理，必须去除抖动影响。

通常去抖动影响的方法有硬件去抖和软件去抖两种。在硬件上是采取在键输出端加 RS 触发器或双稳态电路构成去抖动电路，如图 1-39 所示。图中用两个与非门构成一个 RS 触发器。当按键未按下时，输出为 "1"；当键按下时，输出为 "0"。此时即使按键因抖动而产生瞬时断开（抖动跳开 B），只要按键不返回原始状态 A，双稳态电路的状态不改变，输出保持为 "0"，不会产生抖动的波形，这就是说，即使 B 点的电压波形是抖动的，但经双稳态电路之后，其输出波形为正规的矩形波。

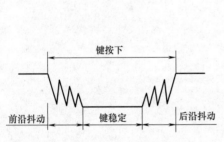

图 1-38 键闭合及断开时的电压波动

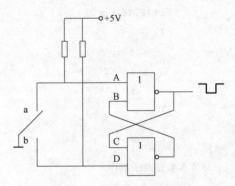

图 1-39 双稳态消抖电路

如果按键较多，则常使用软件方法去抖动，即检测出键闭合后执行一个延时程序产生 5～10ms 的延时，等前沿抖动消失后再一次检测键的状态，如果仍保持闭合状态电平则确认为真正有键按下。当检测到按键释放后，也要给 5～10ms 的延时，待后沿抖动消失后才能转入该键的处理程序，从而去除了抖动影响，本例中就采用的是软件去抖。

任务 1.5 实 战 练 习

◇ 练习一 控制 8 个 LED 左右循环，电路如图 1-2 所示。

◇ 练习二 P0 口做通用 I/O 输出口，控制 8 个 LED 从左到右依次点亮，再从右到左依次熄灭，电路如图 1-2 所示。

◇ 练习三 利用独立按键来控制 8 个 LED 循环亮灭的速度，按 key1 循环速度加，按 key2 循环速度减小，电路如图 1-2 所示。

项目2 单片机控制数码管显示系统设计

在单片机应用系统中，显示器是最常用的输出设备。常用的显示器有：数码管、液晶显示器（LCD）和荧光屏显示器。其中数码管显示最便宜，且其配置灵活，与单片机接口简单，广泛用于单片机系统中。本项目将逐步引导学生学会如何设计与驱动数码管显示模块。

- **项目目标与要求**

  ◇ 熟悉数码管的基本结构
  ◇ 掌握数码管静态显示和动态显示的具体方法
  ◇ 掌握数码管硬件驱动电路的设计，画出电路原理图
  ◇ 掌握利用74HC595进行端口扩展的方式
  ◇ 编写驱动程序

- **项目工作任务**

  ◇ 在最小系统的基础上设计数码管显示的电路原理图
  ◇ 建立软件开发环境，编写控制程序，并编译生成目标文件
  ◇ 下载到开发板，调试通过

任务2.1　让数码显示0

1. 工作任务描述

设计出能够驱动8位数码管显示的基本电路，并编写程序实现8位数码管全部显示数字0。

2. 工作任务分析

8位数码管可以选用两块四位一体的共阴极数码管，按此计算，8位数码管段选共用，需要8根I/O口线，位选独立，需8根I/O口线，位选和段选共需16根I/O口线，而51单片机总共只有32根I/O口线，为尽可能地节省端口资源，应考虑端口扩展和复用的方式。

3. 工作步骤

步骤一：选择合适的外围驱动芯片，设计合理的数码管显示驱动电路。

步骤二：了解单片机端口的输入输出控制方式，掌握相关外围芯片的硬件连接方式和软件驱动方式。

步骤三：打开集成开发环境上，建立一个新的工程。

步骤四：编写控制程序，编译生成目标文件。

步骤五：下载调试。

4. 工作任务设计方案及实施

数码管驱动电路如图 2-1 所示，为了节省单片机的引脚，设计中采用两片 74hc573 作为驱动电路，一片驱动 8 个数码管，另一片驱动点阵及交通灯电路。数据线接单片机的 P0 口，两个驱动芯片的转换通过一个波段开关控制。当开关拨到上边时，点阵驱动电路起作用，相反当拨到下边时，数码管驱动电路起作用。图中有两个四位一体的共阴极数码管，其中数码的段选（数据段）连接到芯片 74HC595 的输出端，74HC595 的串行数据输入端 DS 连接到单片机的 P2_5 引脚，移位脉冲输入端 SHcp 接单片机引脚 P2_7，锁存脉冲输入端 STcp 接单片机引脚 P2_6，8 位数码管各自的位选端个通过一个晶体管 8550 连接到锁存器 74HC573 的输出端，而 74HC573 的输入端与单片机的 P0 口相连。

程序示例如下：

```
#include <REGX51.H>
#define uchar unsigned char
#define uint unsigned int
#define weixuan P0

sbit sck = P2^7;//移位时钟
sbit tck = P2^6;//锁存时钟
sbit data1 = P2^5;//串行数据输入
void write_HC595(uchar wrdat);
void main()
{
        weixuan = 0x00;//让位选全部为低,即打开所有数码管显示
        write_HC595(0x3f);
        while(1);
}

    /***************************************************
    //名称:wr595()向595发送一个字节的数据
    //功能:向595发送一个字节的数据(先发高位)
    ***************************************************/
    void write_HC595(uchar wrdat)
    {
    uchar i;
    SCK_HC595 = 0;
    RCK_HC595 = 0;
    for(i=8;i>0;i--)              //循环8次,写一个字节
        {
        DA_HC595 = wrdat&0x80; //发送BIT0位
        wrdat <<= 1;            //要发送的数据左移,准备发送下一位
```

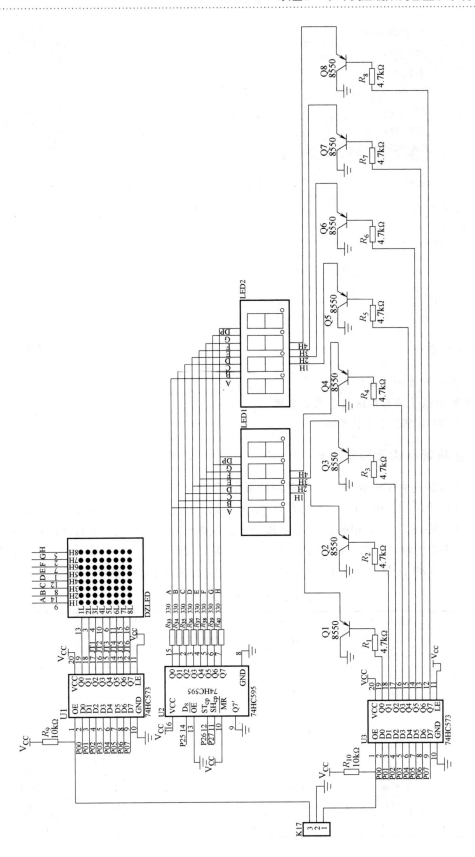

图 2-1 数码管驱动电路

```
        SCK_HC595 = 0;
        _nop_();
        _nop_();
        SCK_HC595 = 1;                    //移位时钟上升沿
        _nop_();
        _nop_();
        SCK_HC595 = 0;
        }
    RCK_HC595 = 0;                        //上升沿将数据送到输出锁存器
    _nop_();
    _nop_();
    RCK_HC595 = 1;
    _nop_();
    _nop_();
    RCK_HC595 = 0;
}
```

● 问题及知识点引入

◇ 什么是段选和位选？
◇ 了解数码管的基本结构与显示原理
◇ 了解74HC595的工作原理

2.1.1　数码管结构及显示原理

LED显示器是单片机应用系统中常用的显示器件。它是由若干个发光二极管组成的，当发光二极管导通时，相应的一个点或一个笔画发亮，控制不同组合二极管导通，就能显示出各种字符，见表2-1。常用的LED显示器是7段位数码管，这种显示器有共阳极和共阴极两种，如图2-2所示。共阴极数码管公共端接地，共阳极数码管公共端接电源。每段发光二极管需要5~10mA的驱动电流才能正常发光，一般需加限流电阻控制电流的大小。

表2-1　7段LED字形码

显示字符	共阳极字码	共阴极字码	显示字符	共阳极字码	共阴极字码
0	C0H	3FH	B	83H	7CH
1	F9H	06H	C	C6H	39H
2	A4H	5BH	D	A1H	5EH
3	B0H	4FH	E	86H	79H
4	99H	66H	F	8EH	71H
5	92H	6DH	P	8CH	73H
6	82H	7DH	U	C1H	3EH
7	F8H	07H	L	C7H	38H
8	80H	7FH	H	89H	76H
9	90H	6FH	"灭"	00H	FFH
A	88H	77H			

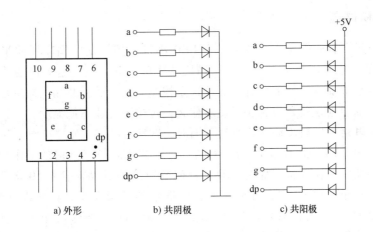

a) 外形　　　　　　b) 共阴极　　　　　　c) 共阳极

图 2-2　7 段数码管结构图

本例中，将字形码数据 0x3f 通过 write_ HC595() 函数送到数码管的段选段，数码管在保证位选段选通的情况下，就会显示数字 0。同理，当把其他字形数据送入时，数码管也会显示对应的字形。

2.1.2　移位寄存器 74HC595

74HC595 拥有一个 8 位移位寄存器、一个存储器以及三态输出功能。移位寄存器和存储器拥有独立的时钟。数据在移位脉冲的上升沿作用下移位到寄存器中，在锁存脉冲的上升沿作用下输入到存储寄存器中。如果两个时钟连在一起，则移位寄存器总是比存储寄存器早一个脉冲。移位寄存器有一个串行数据移位输入（D_s），和一个串行数据输出（Q_7'），以及一个异步复位端（低电平有效），存储寄存器有一个 8 位并行三态的总线输出，当使能 OE 时（为低电平），存储寄存器的数据输出到总线。74HC595 引脚图如图 2-3 所示。

这里仅结合图 2-1 中 74HC595 的应用方式给大家作简单介绍，详细内容请参照 74HC595 的数据手册。该电路中主要利用 74HC595 的串入并出功能以及相应驱动能力。74HC595 的工作过程就是将 D_s 端的数据在移位脉冲的作用下依次向前移位，当 8 个移位脉冲之后，8 位数据全部移到了 74HC595 的内部，再通过一个锁存脉冲的作用下将数据锁存在输出端口，即数码管段选端。如图 2-3 所示，单片机与 74HC595 相连的只有 3 个引脚，即数据输入端 D_s、移位脉冲输入端 ST_{CP} 和锁存脉冲输入端 SH_{CP} 一位数据送到 D_s 端，因此单片机所要做的事情也就很清楚了，即：

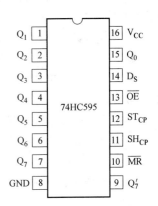

图 2-3　74HC595 引脚图

- 将段选数据的每一位分拣出来，依次送给端口 P2_5；
- 在 P2_7 端口上模拟产生 8 个移位脉冲。
- 在 P2_6 端口上模拟产生 1 个锁存脉冲。

上述 3 件事情由 send() 函数来实现的。

2.1.3　段选和位选

如图 2-2 所示，数码管实际上是由 8 个 LED 小灯按照一定的循序摆放组成，因此通常称为 7 段数码管，再加上 dp 正好 8 段，所谓段选实际上就是选通这 8 段的数据端，段选数据就是让数码管能够显示数据的内容。而位选是控制数码管的公共端，即决定数码管能不能显示的控制端。简单地说就是段选决定显示什么，位选决定能不能显示。

图 2-1 所示电路中，当拨动开关拨到下面时，74HC573 的 CE 端接地，74HC573 处于选通状态，另外 74HC573 的锁存端 LE 始终接 V_{CC}，因此 74HC573 此时的工作状态处于跟随状态，即输出状态始终与输入状态保持一致。数码管位选通过晶体管 8550 接 74HC573 输出，74HC573 的输入接单片机 P0 口，如此看来，位选端的控制问题又转换成对单片机端口 P0 的控制了。假设 P0 口的为状态为 0x00（低电平），则 74HC573 输出端状态也为 0x00，8 个晶体管的基极也为低电平，晶体管导通接地，数码管位选端状态为低电平，因为所用数码管为四位共阴极，此时数码管可以正常显示。相反如果 P0 口状态为 0xff，则 8 位数码管都不能显示。因此，可以通过控制各数码管的位选端来控制让哪一位数码管显示数据。

任务 2.2　从 0～F 依次循环显示

1. 工作任务描述

设计出能够使用驱动 8 位数码管显示的基本电路，并编写程序实现的 8 位数码管从 0～F 依次循环显示。

2. 工作任务分析

任务 2 的硬件电路没有变化，只需要软件上做些变动，与任务 1 数码管的段选数据（显示 0 的字形码）始终保持在段选端上不同的是，任务 2 数码管的段选数据每隔一段时间就要从 0～F 依次变化一次。

3. 工作步骤

步骤一：选择合适的外围驱动芯片，设计合理的数码管显示驱动电路。

步骤二：了解单片机端口的输入输出控制方式，掌握相关外围芯片的硬件连接方式和软件驱动方式。

步骤三：打开集成开发环境，建立一个新的工程。

步骤四：编写控制程序，编译生成目标文件。

步骤五：下载调试。

4. 工作任务设计方案及实施

程序示例如下：

```
#include <REGX51.H>
#include <intrins.h>

#define uchar unsigned char
#define uint unsigned int
#define weixuan P0
```

```
sbit sck = P2^7; //移位时钟
sbit tck = P2^6; //锁存时钟
sbit data1 = P2^5; //串行数据输入
    //##########################################
    //共阴极数码管显示代码:
    uchar code seg[16] = {0x3f,0x06,0x5b,0x4f,   //0,1,2,3,
                          0x66,0x6d,0x7d,0x07,   //4,5,6,7,
                          0x7f,0x6f,0x77,0x7c,   //8,9,A,b,
                          0x39,0x5e,0x79,0x71};  //C,d,E,F
    //##########################################
void write_HC595(uchar wrdat);
void delay(uint time);   //延时函数
void main()
{
    uchar num,i;
    weixuan = 0x00;
    while(1)
    {
        for(i = 0;i < = 7;i + +)
        {
            num = led[i];
            write_HC595(num);
            delay(350);
            weixuan = _crol_(weixuan,1);
        }
    }
}
    void write_HC595(uchar wrdat)
    {
    uchar i;
    SCK_HC595 = 0;
    RCK_HC595 = 0;
    for(i = 8;i > 0;i--)                 //循环 8 次,写一个字节
        {
        DA_HC595 = wrdat&0x80;        //发送 BIT0 位
        wrdat < < =1;                 //要发送的数据左移,准备发送下一位
        SCK_HC595 = 0;
        _nop_();
        _nop_();
        SCK_HC595 = 1;                //移位时钟上升沿
        _nop_();
        _nop_();
        SCK_HC595 = 0;
```

```
    }
    RCK_HC595 = 0;                        //上升沿将数据送到输出锁存器
    _nop_();
    _nop_();
    RCK_HC595 = 1;
    _nop_();
    _nop_();
    RCK_HC595 = 0;
}

void delay(uint time)//延时函数
{
    uint a,b;
    for(a = 0;a < = time;a + +)
        for(b = 0;b < = 1000;b + +);
}
```

● 问题及知识点引入

◇ 本例中数码管采用的显示方式？优缺点？

下面介绍数码管的静态显示。

静态显示就是当要显示某个数字时，将要显示的段选数据始终保持在数码管的段选端。例如：有一个共阴极的数码管，只要给它的 a ~ f 引脚提供高电平，g 引脚和 dp 端提供低电平即可显示数字 0。这种显示方法电路简单，程序也十分简洁。但是这种显示方法占用的 I/O 端口较多，当显示的位数在一位以上，一般都不采用此方法。

如图 2-4 所示四位静态显示电路，由于显示器中各位相互独立，而且各位的显示字符完全取决于对应口的输出数据，如果数据不改变那么显示器的显示亮度将不会受影响，所以静态显示器的亮度都较高。但是从图 2-4 中可以看出它需要 4 组 8 位的数据总线，共 32 根 I/O 口线。这对于单片机来说几乎占用了所有的 I/O 端口，所以显示位数过多时，静态显示这种

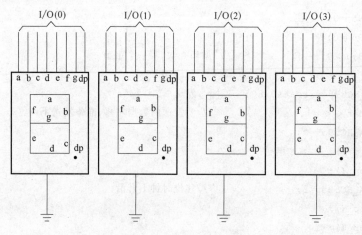

图 2-4 四位静态显示的电路

方法就不再适用了。

任务 2 实际上只是在任务 1 的基础上，每隔一定的时间按顺序改变发送的段选数据，位选端不发生任何变化。完成任务 1 和任务 2 要求，表示已经掌握了静态显示的应用，接下来将进一步提高下题目的难度，见任务 3。

任务 2.3　单个数码管依次轮流显示 0 ~ 7

1. 工作任务描述

设计出能够使用驱动 8 位数码管显示的基本电路，编写程序，让开发板上的 8 位数码管先第 0 位显示 0，其他位不显示，然后第 1 位显示 1，每次只有 1 位数码管显示，按此顺序显示到 7，时间间隔为 1s。

2. 工作任务分析

任务 3 在硬件电路没有变化，只需要软件上做些变动，相对于任务 2 的变化是，任务 2 中只是数码管的段选数据每隔一定时间间隔发生变化，而任务 3 是段选数据变化的同时位选数据也跟着变化。

3. 工作步骤

步骤一：选择合适的外围驱动芯片，设计合理的数码管显示驱动电路。

步骤二：了解单片机端口的输入输出控制方式，掌握相关外围芯片的硬件连接方式和软件驱动方式。

步骤三：打开集成开发环境，建立一个新的工程。

步骤四：编写控制程序，编译生成目标文件。

步骤五：下载调试。

4. 工作任务设计方案及实施

程序示例如下：

```
#include < REGX51. H >
#include < intrins. h >

#define uchar unsigned char
#define uint unsigned int
#define weixuan P0

sbit sck = P2^7; //移位时钟
sbit tck = P2^6; //锁存时钟
sbit data1 = P2^5; //串行数据输入
//###########################################
//共阴极数码管显示代码
uchar code seg[16] = {0x3f,0x06,0x5b,0x4f,  //0,1,2,3,
                      0x66,0x6d,0x7d,0x07,  //4,5,6,7,
                      0x7f,0x6f,0x77,0x7c,  //8,9,A,b,
                      0x39,0x5e,0x79,0x71};  //C,d,E,F
```

```
void write_HC595(uchar wrdat);
void delay(uint time);
void main()
{
    uchar num,i;
    weixuan = 0xfe;
    while(1)
    {
        for(i=0;i<=7;i++)
        {
            num = led[i];
            write_HC595(num);
            delay(350);
            weixuan = _crol_(weixuan,1);
        }
    }
}


/*************************************************************
//名称:wr595()向74HC595发送一个字节的数据
//功能:向74HC595发送一个字节的数据(先发高位)
*************************************************************/
void write_HC595(uchar wrdat)
{
    uchar i;
    SCK_HC595 = 0;
    RCK_HC595 = 0;
    for(i=8;i>0;i--)                //循环8次,写一个字节
        {
        DA_HC595 = wrdat&0x80;//发送BIT0位
        wrdat <<= 1;                 //要发送的数据左移,准备发送下一位
        SCK_HC595 = 0;
        _nop_();
        _nop_();
        SCK_HC595 = 1;               //移位时钟上升沿
        _nop_();
        _nop_();
        SCK_HC595 = 0;
        }
    RCK_HC595 = 0;                  //上升沿将数据送到输出锁存器
    _nop_();
    _nop_();
```

```
        RCK_HC595 = 1;
        _nop_();
        _nop_();
        RCK_HC595 = 0;
    }


void delay(uint time)
{
    uint a,b;
    for(a = 0;a < = time;a + +)
            for(b = 0;b < =1000;b + +);
}
```

● **问题及知识点引入**

◇ 在静态显示的基础上了解轮流显示的原理

◇ 思考并总结动态显示原理

任务3中对代码作了一些改变实现了任务要求，简单说就是在段选数据改变的同时依次改变位选数据，并且每次只选通一位数码管。即当发送数据0的段码时（段码为0x3f），位选数据状态为0xfe；发送数据1的段码时（段码为0x06），位选数据循环左移一位变成0xfd，依此类推，再加上一定的时间间隔，就实现了任务要求的显示状态。8位数码管每次只有一位显示，并轮流显示数字0~7。设想一下，如果将数字切换的间隔时间逐步调短，也就是将void delay（uint time）的实参值逐渐调小，将会出现什么结果？很显然最后看到的是8位数码管上同时显示数字0~7，这就是动态显示。

所谓动态显示就是将要显示的数按显示数的顺序在各个数码管上一位一位的显示，它利用人眼的驻留效应使人感觉不到是一位一位显示的，而是一起显示的。

任务2.4　00~99计数显示

1. 工作任务描述

硬件电路如图2-1所示，利用前两位数码管显示，实现一个简单的从00~99循环计数的秒表。

2. 工作任务分析

00~99计数显示，实际上是利用两位数码管的动态显示，实现00~99之间的任意两位数的显示。由于还没有实现精确计时的方式，这里只能通过软件延时的方式实现粗略计时，每隔一定时间间隔，计数变量加1，然后再通过一定程序算法，将计数值的个位和十位分离出来，分别送到段选端，当计数变量的值加到99时，计数清0。

3. 工作步骤

步骤一：选择合适的外围驱动芯片，设计合理的数码管显示驱动电路。

步骤二：了解单片机端口的输入输出控制方式，掌握相关外围芯片的硬件连接方式和软件驱动方式，掌握C语言程序设计的简单算法。

步骤三：打开集成开发环境，建立一个新的工程。

步骤四：编写控制程序，编译生成目标文件。

步骤五：下载调试。

4. 工作任务设计方案及实施

程序示例如下：

```c
#include <REGX51.H>


#define uchar unsigned char
#define uint unsigned int
#define weixuan P0


sbit sck = P2^7;  //移位时钟
sbit tck = P2^6;  //锁存时钟
sbit data1 = P2^5;  //串行数据输入
//##########################################
//共阴极数码管显示代码
uchar code seg[16] = {0x3f,0x06,0x5b,0x4f,  //0,1,2,3
                      0x66,0x6d,0x7d,0x07,  //4,5,6,7
                      0x7f,0x6f,0x77,0x7c,  //8,9,A,b
                      0x39,0x5e,0x79,0x71};  //C,d,E,F
void write_HC595(uchar wrdat);
void delay(uint time);
void main()
{
    uchar num,gewei,shiwei,i;
    num = 0;
    while(1)
    {
    gewei = num% 10;
    shiwei = num/10;
    while(1)
    {
        weixuan = 0xfd;
        write_HC595(seg[gewei]);
        delay(1);
        weixuan = 0xfe;
        write_HC595(seg[shiwei]);
        delay(1);
        i++;
        if(i==70)
        {i=0;
        break;}
```

```
        }
    num + + ;
    if(num = = 100)
        num = 0 ;
    }
}
void write_HC595(uchar wrdat)
{
    uchar i;
    SCK_HC595 = 0;
    RCK_HC595 = 0;
    for(i = 8;i > 0;i--)            //循环8次,写一个字节
        {
        DA_HC595 = wrdat&0x80;      //发送BIT0位
        wrdat < < = 1;              //要发送的数据左移,准备发送下一位
        SCK_HC595 = 0;
        _nop_();
        _nop_();
        SCK_HC595 = 1;              //移位时钟上升沿
        _nop_();
        _nop_();
        SCK_HC595 = 0;
        }
    RCK_HC595 = 0;                  //上升沿将数据送到输出锁存器
    _nop_();
    _nop_();
    RCK_HC595 = 1;
    _nop_();
    _nop_();
    RCK_HC595 = 0;
}

void delay(uint time)
{
    uint a,b;
    for(a = 0;a < = time;a + +)
        for(b = 0;b < = 500;b + +);
}
```

● **问题及知识点引入**

　　◇ 如何获取计数值的十位和个位？

经过对前面3个任务的学习与实践，掌握了数码管的基本结构、显示原理和驱动方式，

并编程实现了具体功能。任务 4 也仅仅是对前面所学的组合应用，根据任务要求应该可以很清楚地得出设计思路：设定一个计数变量 num，初始化为零，然后每隔 1s num 加 1 一次，当加到 100 时，num 清零开始下一轮计数。这期间利用数码管的动态显示方式将计数值的个位和十位值显示出来。对于一个初学者来讲整理出这样的思路应该不成问题，但具体细节，比如个位和十位怎么得到？一时难以解决。

其实问题很简单，只需要对 num 对 10 求模、取余就可以了。程序中"gewei = num% 10;"和"shiwei = num/10;"这两句代码就实现了该功能。同理如果获取一个三位数的百位、十位和个位，只需要对 100 和 10 执行相同操作就可以了。

任务 2.5　实　战　练　习

◇ 利用图 2-4 所示 8 位数码管实现 24h 制的时分秒计时器，计数从 00 开始，显示格式为"XX-XX-XX"

基于定时器的精确定时应用

51 系列单片机如要实现精确定时，必须借助内部的硬件定时器/计数模块。定时器/计数器是单片机中重要功能模块之一，在实际系统中应用极为普遍。51 系列单片机内部有两个 16 位可编程序定时器/计数器，即定时器 T0 和定时器 T1，它们都具有定时和计数的功能，并有 4 种工作方式可供选择。本项目将引导学生掌握如何使用定时器/计数器实现精确定时的方法。

● 项目目标与要求

◇ 熟悉定时器/计数器的基本结构
◇ 掌握使用定时器计数器的具体方式

● 项目工作任务

◇ 设计的电路原理图
◇ 建立软件开发环境，编写控制程序，并编译生成目标文件
◇ 下载到开发板，调试通过

任务 3.1   10ms 定时

1. 工作任务描述

利用定时器/计数器（T0）的方式 1，产生一个 50Hz 的方波，此方波由 P1.0 引脚输出，假设晶振频率为 12MHz。

2. 工作任务分析

该定时问题可以通过两种方式实现：查询方式——通过查询 T0 的溢出标志 TF0 是否为 1，判断定时时间是否已到。当 TF0 = 1 时，定时时间到。对 P1.0 进行取反操作。此方法的缺点是，CPU 一直忙于查询工作，占用了 CPU 的有效时间。中断方式——CPU 正常执行主程序，一旦定时时间到，TF0 将被置 1，向 CPU 申请中断，CPU 响应 T0 的中断请求，去执行中断程序，在中断程序里对 P1.0 进行取反操作，关于定时器中断的应用将在下一个项目中介绍。

3. 工作步骤

步骤一：确定定时时间。

步骤二：确定定时器的工作方式，计算定时器初值。

步骤三：打开集成开发环境，建立一个新的工程。

步骤四：编写程序，编译生成目标文件。

步骤五：下载调试。

4. 工作任务设计方案及实施

程序示例如下：

```c
#include < reg51. h >
sbit pulse_out = P1^0;               /* 定义脉冲输出位 */
/* 主函数 */
main()
{
    TMOD = 0x01;                     /* T0 定时方式 1 */
    TH0 = 0xD8;                      /* 装入计数初值 */
    TL0 = 0xF0;
    TR0 = 1;                         /* 启动定时器 T0 */
    while(1)
    {
        if(TF0)                      /* 查询 TF0,等待定时时间到 */
        {
            TF0 = 0;                 /* 定时时间到,清 TF0 */
            TH0 = 0xD8;              /* 重装计数初值 */
            TL0 = 0xF0;
            pulse_out = ! pulse_out; /* 脉冲输出位取反 */
        }
    }
}
```

● **问题及知识点引入**

◇ 定时器/计数器具体有哪些主要的组成部分？它是怎么工作的？

◇ TMOD、TR0、TF0 分别是什么？它们各自的功能是什么？

◇ 定时器/计数器的几种工作方式的区别是什么？

◇ 50Hz 方波如何实现？

3.1.1 定时器/计数器的基本结构与工作原理

1. 定时器/计数器的结构

定时器/计数器的基本结构如图 3-1 所示。基本部件是两个 16 位寄存器 T0 和 T1，每个都是由两个独立的 8 位寄存器（TH0、TL0 和 TH1、TL1），用于存放定时器/计数器的计数初值。TMOD 是定时器/计数器的工作方式寄存器，由它确定定时器/计数器的工作方式和功能；TCON 是定时器/计数器的控制寄存器，用于控制 T0、T1 的启动和停止以及设置溢出标志。

2. 定时器/计数器的工作原理

定时器/计数器 T0 和 T1 的实质是加 1 计数器，即每输入一个脉冲，计数器加 1，当加

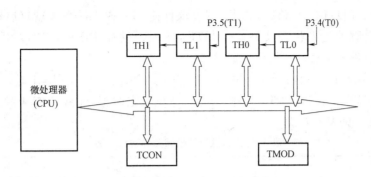

图 3-1 定时器/计数器的基本结构

到计数器全为 1 时，再输入一个脉冲，就使计数器归零，且计数器的溢出使 TCON 中的标志位 TF0 或 TF1 置 1，向 CPU 发出中断请求。只是输入的计数脉冲来源不同，把它们分成定时与计数两种功能。作定时器时脉冲来自于内部时钟振荡器，作计数器时脉冲来自于外部引脚。

（1）定时器模式。在作定时器使用时，输入脉冲是由内部振荡器的输出经 12 分频后送来的，所以定时器也可看作是对机器周期的计数器。若晶振频率为 12MHz，则机器周期是 1μs，定时器每接收一个输入脉冲的时间为 1μs；若晶振频率为 6MHz，则一个机器周期是 2μs，定时器每接收一个输入脉冲的时间是 2μs。因此，要确定定时时间的长短，只需计算一下脉冲个数即可。

（2）计数模式。在作计数器使用时，输入脉冲是由外部引脚 P3.4（T0）或 P3.5（T1）输入到计数器的。在每个机器周期的 S5P2（第 5 个状态第 2 个节拍）期间采样 T0、T1 引脚电平。当某周期采样到一高电平输入，而下一周期又采样到一低电平时，则计数器加 1。由于检测一个从 1 到 0 的下降沿需要两个机器周期，因此要求被采样的电平至少要维持一个机器周期，以保证在给定的电平再次变化之前至少被采样一次，否则会出现漏计数现象，所以最高计数频率为晶振频率的 1/24。当晶振频率为 12MHz 时，最高计数频率不超过 500kHz，即计数脉冲的周期要大于 2μs；当晶振频率为 6MHz 时，最高计数频率不超过 250kHz，即计数脉冲的周期要大于 4μs。

3.1.2 与定时器/计数器配置相关的 TMOD、TCON

51 单片机定时器/计数器的控制和实现由两个特殊功能寄存器 TMOD 和 TCON 完成。TMOD 用于设置定时器/计数器的工作方式；TCON 用于控制定时器、计数器的启动和中断申请。

1. 工作方式寄存器 TMOD

TMOD 是一个特殊的专用寄存器，用于设定 T0 和 T1 的工作方式。只能对其进行字节操作，不能位寻址，其格式见表 3-1。

表 3-1 TMOD 格式

位	D7	D6	D5	D4	D3	D2	D1	D0	字节地址
TMOD	GATE	$C/\overline{T}$	M1	M0	GATE	$C/\overline{T}$	M1	M0	89H

（1）GATE：门控位。GATE = 0 时，只要软件使 TR0 或 TR1 置 1 就可启动定时器，与/INT0 或/INT1 引脚的电平状态没关系；GATE = 1 时，只有/INT0 或/INT1 引脚为高电平且 TR0 或 TR1 由软件置 1 后，才能启动定时器。

（2）C/$\overline{T}$：定时或计数功能选择位。C/$\overline{T}$ = 0 时，用于定时；C/$\overline{T}$ = 1 时，用于计数。

（3）M1 和 M0 位：T1 和 T0 工作方式选择位。定时器/计数器有 4 种工作方式，由 M1M0 进行设置，见表 3-2。

表 3-2 定时器/计数器工作方式设置

M1M0	工作方式	功 能 选 择
00	方式 0	13 位定时器/计数器
01	方式 1	16 位定时器/计数器
10	方式 2	8 位自动重装初值定时器/计数器
11	方式 3	T0 分成两个独立的 8 位定时器/计数器；T1 此时停止计数

系统复位时，TMOD 所有位清 0，定时器/计数器工作在非门控方式 0 状态。

2. 控制寄存器 TCON

TCON 既参与中断控制，又参与定时控制。其低 4 位用于控制外部中断，已在前面介绍，高 4 位用于控制定时器/计数器的启动和中断申请，其格式见表 3-3。

表 3-3 TCON 格式

位	D7	D6	D5	D4	D3	D2	D1	D0	字节地址
TCON	TF1	TR1	TF0	TR0	IE1	IT1	IE0	IT0	88H
位地址	8FH	8EH	8DH	8CH	8BH	8AH	89H	88H	

（1）TF1 和 TF0：T0 和 T1 的溢出标志位。当定时器/计数器产生计数溢出时，由硬件置 1，向 CPU 发出中断请求。中断响应后，由硬件自动清 0。在查询方式下，这两位作为程序的查询标志位；中断方式下，作为中断请求标志位。

（2）TR1 和 TR0：定时器/计数器运行控制位。TR1（TR0）= 0 时，定时器/计数器停止工作；TR1（TR0）= 1 时，启动定时器/计数器工作；TR1 和 TR0 根据需要，由用户通过软件将其清 0 或置 1。

3.1.3 定时器/计数器的工作方式

80C51 单片机定时器/计数器 T0 有 4 种工作方式（方式 0、1、2、3），T1 有 3 种工作方式（方式 0、1、2），另外，T1 还可作为串行通信接口的波特率发生器。下面以定时器/计数器 T0 为例，对其各种工作方式的计时结构及功能分别作详细说明。

1. 方式 0

当 TMOD 的 M1M0 = 00 时，定时器/计数器工作于方式 0，其结构如图 3-2 所示。方式 0 是一个 13 位的定时器/计数器，16 位的寄存器只用了高 8 位（TH0）和低 5 位（TL0 的 $D_4 \sim D_0$ 位）TL0 的高 3 位未用。计数时，TL0 的低 5 位溢出时向 TH0 进位，TH0 溢出时，置位 TCON 中的 TF0，向 CPU 发出中断请求。

GATE 位的状态决定定时器/计数器运行控制取决于 TR0 一个条件还是 TR0 和/INT0 引

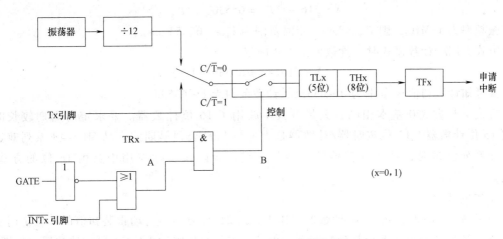

图 3-2　方式 0 时，定时/计数器结构

脚两个条件。

（1）GATE = 0 时，只要用软件将 TR0 置 1，定时器/计数器就开始工作；将 TR0 清 0，定时器/计数器停止工作。

（2）GATE = 1 时，为门控方式。仅当 TR0 且/INT0 引脚上出现高电平，定时器/计数器才开始工作。如果引脚/INT0 上出现低电平，则定时器/计数器停止工作。所以，在门控方式下，定时器/计数器的启动受外部中断请求的影响，可用来测量/INT0 引脚上出现的正脉冲的宽度。这种情况下计数控制是由 TR0 和/INT0 两个条件控制。

2. 方式 1

当 M1M0 = 01 时，定时器/计数器工作于方式 1，该方式为 16 位定时器/计数器，寄存器 TH0 作为高 8 位，TL0 作为低 8 位，计数范围 0000H ~ FFFFH。方式 1 时，定时器/计数器结构如图 3-3 所示。

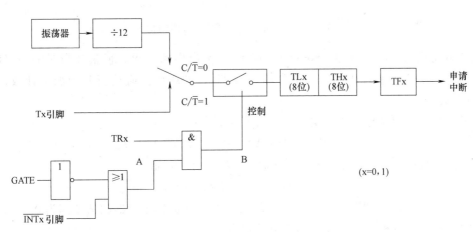

图 3-3　方式 1 时，定时器/计数器结构

方式 1 时，用于定时工作方式，定时时间由下式确定：

$$t = N \cdot T_{cy} = (2^{16} - X) \cdot T_{cy} = (65536 - X) \cdot T_{cy}$$

式中，X 为计数初值，N 为计数个数。从而可计算出计数初值 X：

$$X = 216 - t/T_{cy} = 65536 - t/T_{cy}$$

若晶振频率为 12MHz，则 $T_{cy} = 1\mu s$，定时范围为 $1\mu s \sim 65.536ms$。

方式 1 用于计数模式时，计数值由下式确定：

$$N = 216 - X = 65536 - X$$

由上式可知计数初值 X 范围为 $0 \sim 65535$，计数范围为 $1 \sim 65536$。

方式 1 与方式 0 基本相同，只是方式 1 改用了 16 位计数器。要求定时周期较长时，常用 16 位计数器。13 位定时器/计数器是为了与 Intel 公司早期的产品 MCS-48 系列兼容，由于该系列已过时，且计数初值装入容易出错，所以在实际应用中常由 16 位的方式 1 取代。

3. 方式 2

当 $M1M0 = 10$ 时，定时器/计数器工作于方式 2，该方式为自动重装初值的 8 位定时器/计数器，寄存器 TH0 为 8 位初值寄存器，保持不变，TL0 作为 8 位定时器/计数器，如图 3-4 所示。

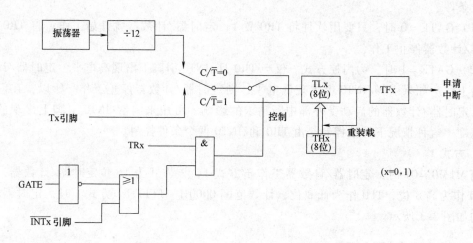

图 3-4 方式 2 时，定时器/计数器结构图

当 TL0 溢出时，由硬件将 TF0 置 1，向 CPU 发出中断请求，而溢出脉冲打开 TH0 和 TL0 之间的三态门，将 TH0 中的初值自动送入 TL0。TL0 从初值重新开始加 1 计数，直至 TR0 = 0 才会停止。

方式 2 用于定时工作方式，定时时间由下式确定：

$$t = N \cdot T_{cy} = (2^8 - X) \cdot T_{cy} = (256 - X) \cdot T_{cy}$$

式中，X 为计数初值，N 为计数个数。从而可计算出计数初值 X：

$$X = 2^8 - t/T_{cy} = 256 - t/T_{cy}$$

若晶振频率为 12MHz，则 $T_{cy} = 1\mu s$，定时范围为 $1 \sim 256\mu s$，定时器初值范围为 $0 \sim 255$。

方式 2 用于计数模式时，计数初值由下式确定：

$$X = 2^8 - N = 256 - N$$

由上式可知计数初值 X 范围为 $0 \sim 255$，计数范围为 $1 \sim 256$。

由于工作方式 2 省去了用户软件中重装初值的程序，可以相当精确地确定定时时间。因此，在涉及异步通信的单片机应用系统中，常常使 T1 工作在方式 2，作为波特率发生器。

4. 方式3

当 M1M0 = 11 时，定时器/计数器工作于方式3。该方式只适用于定时器/计数器 T0，此时 T0 分为两个独立的 8 位计数器：TH0 和 TL0。TL0 使用 T0 的状态控制位 C/T、GATE、TR0、/INT0，而 TH0 被固定为一个 8 位定时器（不能对外部脉冲计数），并使用定时器 T1 的控制位 TR1 和 TF1，同时占用定时器 T1 的中断请求源 TF1。方式3 时，定时器/计数器 T0 的结构如图 3-5 所示。

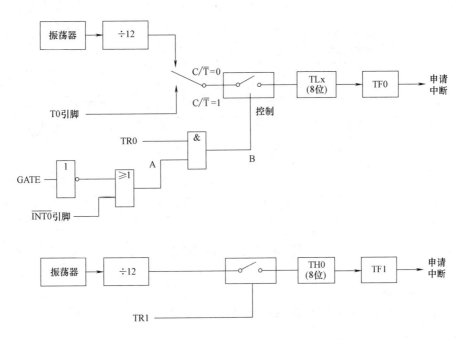

图 3-5　方式 3 时，定时器/计数器 T0 的结构

一般地，当 T1 工作于串行口的波特率发生器时，T0 才工作于方式3。T0 工作于方式3 时，T1 可定为方式0、方式1 和方式2，用来作为串行口的波特率发生器，或不需要中断的场合。T0 工作在方式3 时，定时器/计数器 T1 的结构如图 3-6 所示。

3.1.4　确定定时器初值的方法

设方波频率 $f = 50\,\mathrm{Hz}$，周期 $t = 1/f = 0.01\,\mathrm{s}$。此时，只要让定时器计满 0.01s，使 P1.0 输出 0，再计满 0.01s，使 P1.0 输出 1，如此循环往复，即可产生一个从 P1.0 输出的频率为 50Hz 的方波。由此即可按照要求将之转化为 T0 产生 0.01s 定时的问题。

参照 3.1.2 小节中方式 1 的初值计算方法，由于晶振为 12MHz，所以一个机器周期 $T_{\mathrm{cy}} = 12 \times (1/12 \times 10^{6}) = 1\mu\mathrm{s}$。计数初值 $X = 2^{16} - t/T_{\mathrm{cy}} = 65536 - 0.01\mathrm{s}/1\mu\mathrm{s} = 65536 - 10000 = 55536 = \mathrm{D8F0H}$，即应将 D8H 送入 TH0 中，F0H 送入 TL0 中。可以用一种更简单的赋值方式，如下所示：

```
TH0 = (65536 - 10000)/256;        /* 装入计数初值*/
TL0 = (65536 - 10000)% 256;
```

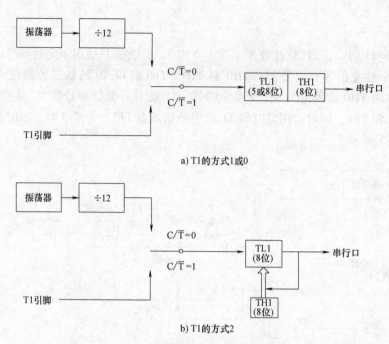

a) T1的方式1或0

b) T1的方式2

图 3-6　方式 3 时，定时器/计数器 T1 的结构

任务3.2　1s 定时

1. 工作任务描述

利用定时器方式 1，小灯以 1s 闪亮，亮时，蜂鸣器以 20Hz 的频率鸣叫。

2. 工作任务分析

无论是 1s 定时，还是更长时间的定时，其与任务 1 的区别在于定时时间超出了定时器的最大定时时间 65.536ms（假设振荡频率为 12MHz），对于这种超出定时器最大定时时间的定时，只能通过累加计算的方式实现。

3. 工作步骤

步骤一：确定定时时间以及定时器的工作方式，计算定时器初值。

步骤二：设计驱动 LED 小灯和蜂鸣器的电路原理图。

步骤三：打开集成开发环境上，建立一个新的工程。

步骤四：编写程序，编译生成目标文件。

步骤五：下载调试。

4. 工作任务设计方案及实施

LED 小灯电路原理如图 3-7 所示，8 个 LED 灯分别接 P0 口的 8 根引脚。蜂鸣器电路如图 3-8 所示，蜂鸣器一端接 V_{CC}，另一端接晶体管提高驱动能力，控制引脚接单片机的 P15，当该引脚接低电平时，蜂鸣器鸣叫。

程序示例如下：

```
#include <REGX51.H>
```

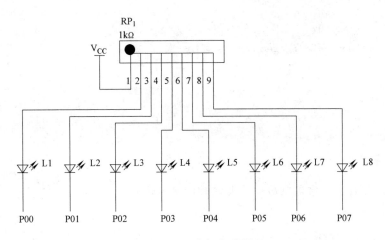

图 3-7 LED 小灯电路原理

```
#define uchar unsigned char
#define uint unsigned int
#define led P0

sbit bee = P3^5;//蜂鸣器控制端口

//定时器初始化程序
void Init(uint fre)
{
        TMOD = 0x01;//设置工作方式1
        TH0 = (65536-fre)/256;//设置计数初值
        TL0 = (65536-fre)%256;
}
```

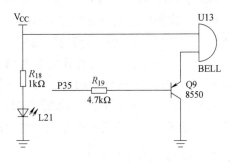

图 3-8 蜂鸣器电路

```
void main()
{
        uchar time = 0;
        Init(5000);//初始化定时期定时时间为50ms
        while(1)
        {
            TR0 = 1;
            EA = 0;//关中断,这里使用查询方式
            while(1 = = TF0)   //查询溢出标志位
            {
                Init(5000);
                TF0 = 0;
                bee = ~bee;//蜂鸣器以20Hz频率鸣叫
                time + +;
                if(time = =20)//1s定时时间到
```

```
        {
        time = 0;
        led = ~led;//led每隔1s,取反一次
        }
      }
    }
  }
```

● 问题及知识点引入

 ◇ 定时器/计数器如何实现超过最大定时时间的计时？

 ◇ 蜂鸣器是如何工作的？

3.2.1　实现 1s 定时的方法

51 系列单片机定时器是 16 位定时器，也就是最大计数范围是 0 ~ 65535，因此受此限制，单靠一次定时，假设晶振在 12MHz 的前提下，采用工作方式 1，最大定时时间只能达到 65.536ms。所以，实现长时间定时的唯一方法就是重复的使用定时器，累加定时时间。任务 2 中，为方便累加，设定单次定时时间为 50ms，然后设定 time 变量来存储累加数，每一次 50ms 定时时间到时 time 加 1 一次，1s 需要 20 个 50ms，因此当 time 累加到 20 时，说明 1s 定时时间到，单片机对 P0 口状态取反，控制小灯 1s 闪烁。通过这种办法可以随意设置想要的定时时间，而不会受定时器本身结构的影响。

3.2.2　蜂鸣器基础知识

蜂鸣器是一种一体化结构的电子发声器件，采用直流供电，广泛应用于各类电子产品中作发声报警器件。

1. 按结构分类

主要分为压电式蜂鸣器和电磁式蜂鸣器两种类型。

（1）压电式蜂鸣器。压电式蜂鸣器主要由多谐振荡器、压电蜂鸣片、阻抗匹配器及共鸣箱、外壳等组成。多谐振荡器由晶体管或集成电路构成。当接通电源后（1.5 ~ 15V 直流工作电压），多谐振荡器起振，输出 1.5 ~ 2.5kHz 的音频信号，阻抗匹配器推动压电蜂鸣片发声。

（2）电磁式蜂鸣器。电磁式蜂鸣器由振荡器、电磁线圈、磁铁、振动膜片及外壳等组成。接通电源后，振荡器产生的音频信号电流通过电磁线圈，使电磁线圈产生磁场。振动膜片在电磁线圈和磁铁的相互作用下，周期性地振动发声。

2. 按工作方式分类

主要分为有源蜂鸣器和无源蜂鸣器，这里的"源"是指振荡源。有源蜂鸣器内部带振荡源，所以只要一通电就会鸣叫；而无源蜂鸣器内部不带振荡源，所以如果用直流信号无法令其鸣叫，须接音频电路。

可以用万用表电阻档 Rxl 档测试：用黑表笔接蜂鸣器"－"引脚，红表笔在另一引脚上来回碰触，如果触发出咔、咔声的且电阻只有 8Ω（或 16Ω）的是无源蜂鸣器；如果能发

出持续声音的，且电阻在几百欧以上的，是有源蜂鸣器。本书中电路使用的是有源蜂鸣器。

3. 单片机驱动蜂鸣器的方式

单片机常用的驱动方式主要有 PWM 脉冲输出控制和 I/O 口定时反转电平驱动方式。本任务中使用 I/O 口定时反转电平驱动方式。这种方式设置简单，但需要定时器来配合，只需要按照题目要求蜂鸣器的发声频率，计算出定时器的定时时间即可。任务中要求蜂鸣器以 20Hz 的频率发声，换算成周期也就是 0.05s，即每隔 50ms I/O 口电平反转一次。

任务 3.3　实 战 练 习

◇ 利用定时器实现 1s 定时，控制 LED 小灯 1s 循环，电路图如图 3-7 所示。

项目4 多功能数字钟的设计

多功能数字钟涉及数码管显示、定时器定时、定时器中断以及按键等知识的综合应用。本项目将分解成几个任务，引导学生学会使用定时器中断。

- **项目目标与要求**

  ◇ 强化数码管显示驱动程序设计方法
  ◇ 理解中断的概念
  ◇ 掌握定时器中断的应用方式
  ◇ 完成多功能数字钟的基本功能，设计电路原理图

- **项目工作任务**

  ◇ 分解项目，通过分解任务完成对新知识点的学习
  ◇ 设计的电路原理图
  ◇ 建立软件开发环境，编写控制程序，并编译生成目标文件
  ◇ 下载到开发板，调试通过

任务4.1 定时器中断方式下实现10ms定时

1. 工作任务描述

利用定时器/计数器（T0）的方式1，产生一个50Hz的方波，此方波由P1.0引脚输出，假设晶振频率为12MHz。

2. 工作任务分析

我们还应该记得项目3中任务1实现，为了及时获知定时器是否溢出，要不断地去查询T0的溢出标志位TF0，看看TF0是否为1，确定TF0为1之后，CPU才能确定定时时间到了，这从一定程度上降低了CPU的工作效率。解决这个问题可以使用中断的方式。

3. 工作步骤

步骤一：确定定时时间。

步骤二：确定定时器的工作方式，计算定时器初值。

步骤三：打开集成开发环境，建立一个新的工程。

步骤四：编写程序，编译生成目标文件。

步骤五：下载调试。

4. 工作任务设计方案及实施

程序示例如下：

```
#include < reg51. h >
sbitpulse_out = P1^0;                /* 定义脉冲输出位*/
/* 中断服务程序*/
voidT0_int() interrupt  1
{
TH0 = 0xD8;                          /* 重装计数初值*/
TL0 = 0xF0;
pulse_out = ! pulse_out;            /* 脉冲输出位取反*/
}
/* 主程序*/
main()
{
TMOD = 0x01;                         /*  T0 定时方式 1*/
TH0 = 0xD8;                          /* 装入计数初值*/
TL0 = 0xF0;
ET0 = 1;                             /* T0 开中断*/
EA = 1;                              /* 开总中断*/
TR0 = 1;                             /* 启动定时器 T0*/
while(1);                            /* 等待中断*/
}
```

● **问题及知识点引入**

◇ 中断执行的过程是怎么样的？

◇ EA、ET0 是什么标志，有何种功能？

◇ 51 单片机中除了定时器 T0 中断，还有没有其他的中断源？

◇ 如何声明中断服务子程序？

4.1.1 中断执行的过程

在计算机系统中，由于突发情况，需要 CPU 暂停当前的工作，转到需要处理的中断源的服务程序的入口（中断响应），一般在入口处执行跳转指令转去处理中断事件（中断服务）；执行完中断服务后，再回到原来程序被中断的地方继续处理执行程序（中断返回），这个过程称为中断，如图 4-1 所示。

实现中断功能的软件和硬件统称为"中断系统"。能向 CPU 发出请求的事件称为"中断源"。中断源向 CPU 提出的处理请求称为"中断请求"或"中断申请"。CPU 暂停自身事务转去处理中断请求的过程，称为"中断响应"。对事件的整个处理过程称为"中断服务"或

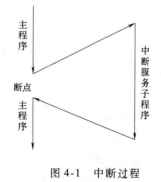

图 4-1 中断过程

"中断处理"。处理完毕后回到原来被中断的地方，称为"中断返回"。若有多个中断源同时发出中断请求时，或 CPU 正在处理某中断请求时，又有另一事件发出中断申请，则 CPU 根据中断源的紧急程度将其进行排序，然后按优先顺序处理中断源的请求。

4.1.2 EA、ET0 是什么

从程序中可知，EA、ET0 的作用就像两个开关，一个负责总开关，另一个单独负责定时器 T0 的中断开关。这里来介绍一个特殊功能寄存器，51 系列单片机中，开中断与关中断是由中断允许控制寄存器 IE 控制的。对 IE 可进行字节寻址和位寻址，其格式见表 4-1。

表 4-1　寄存器 IE 格式

位	D7	D6	D5	D4	D3	D2	D1	D0	字节地址
IE	EA	—	—	ES	ET1	EX1	ET0	EX0	A8H
位地址	AFH	AEH	ADH	ACH	ABH	AAH	A9H	48H	

（1）EA：中断允许总控制位。EA = 0，CPU 关总中断，屏蔽所有中断请求；EA = 1，CPU 开总中断，这时只要各中断源的中断允许未被屏蔽，当中断到来时，就有可能得到响应。

（2）ES：串行口中断允许控制位。ES = 0，禁止串行口中断；ES = 1，允许串行口中断。

（3）ET1 和 ET0：定时器 1 和定时器 0 中断允许控制位。ET1（ET0）= 0，禁止定时器/计数器 T1 或 T0 中断；ET1（ET0）= 1，允许定时器/计数器 T1 或 T0 中断。

（4）EX1 和 EX0：外部中断 1 和外部中断 0 的中断允许控制位。EX1（EX0）= 0，禁止/INT0（/INT1）外部中断；EX1（EX0）= 1，允许/INT0（INT1）外部中断。

单片机复位后（IE = 00H），所有中断处于禁止状态。若允许某一个中断源中断，除了开放总中断（置位 EA）外，必须同时开放该中断源的中断允许位。可见，51 单片机通过中断允许控制寄存器对中断的允许实行两级控制。

4.1.3 51 单片机的中断源

51 单片机共有 5 个中断源：外部中断 0、外部中断 1、定时器/计数器中断 0、定时器/计数器中断 1、串行口中断。每个中断源对应一个固定的中断入口地址。当某中断源的中断请求被 CPU 响应之后，CPU 从中断入口处获取中断服务程序的入口地址，进入相应的中断服务程序。各中断源的入口地址及优先级见表 4-2，51 单片机的中断系统结构如图 4-2 所示。

表 4-2　中断源的入口地址及优先级

中断源	请求标志	入口地址	中断号	优先级
外部中断 0	IE0	0003H	0	最高级
定时器中断 0	TF0	000BH	1	
外部中断 1	IE1	0013H	2	
定时器中断 0	TF1	001BH	3	
串行口发送/接收中断	TI/RI	002BH	4	最低级

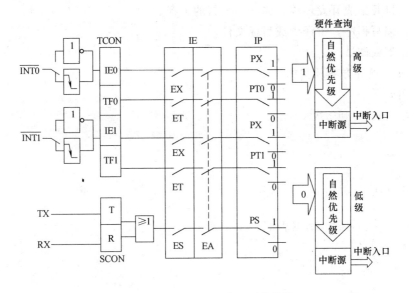

图 4-2　51 单片机的中断系统结构

4.1.4　中断服务子程序的"声明"

从任务 1 的程序示例中可以看到，中断服务子程序和普通的子程序调用是有区别的，或者说中断子程序根本就不需要声明和调用，中断子程序的运行采用的是一种硬件机制。在 1.2 节中，其实已经简单介绍了中断子程序的执行，这里只需要明确中断子程序的"声明"方式。

如果使用汇编语言，那么需要明确各中断子程序入口地址，在中断入口地址处执行一条长调用指令，如下所示：

```
ORG    0013H
LJMP   INT1_INT              ;跳转至 INTI 中断服务程序
```

如果使用 C 语言，那么只需要对应相关的中断号，中断子程序的声明如下所示：

```
void int1_int () interrupt 2 using 0
```

这里 interrupt 关键字后面的数字"2"即对应的中断号，C51 中 5 个中断源对应的中断号见表 4-2。using n 表示选用第 n 组通用寄存器，这里可以省略。

任务 4.2　定时器中断方式实现 1s 定时

1. 工作任务描述

利用定时器方式 1，小灯以 1s 闪亮，亮时，蜂鸣器以 20Hz 的频率鸣叫。

2. 工作任务分析

1s 的定时方式已经掌握，但如果配合中断键会更加容易实现。

3. 工作步骤

步骤一：确定定时时间以及定时器的工作方式，计算定时器初值。

步骤二：设计驱动 LED 小灯和蜂鸣器的电路原理图。

步骤三：打开集成开发环境，建立一个新的工程。

步骤四：编写程序，编译生成目标文件。

步骤五：下载调试。

4. 工作任务设计方案及实施

程序示例如下：

```
#include <REGX51.H>

#define uchar unsigned char
#define uint unsigned int
#define led P0

sbit bee = P3^5;//蜂鸣器控制端口
uchar time = 0;
void main()
{

        TMOD = 0x01;//设置工作方式1
        TH0 = (65536-fre)/256;//设置计数初值,初始化定时时间为50ms
        TL0 = (65536-fre)% 256;
        TR0 =1;//开定时器
        EA =1;//开总中断
        ET0 =1;//开定时器中断
        while(1); //等待定时器溢出中断
}
void timer0() interrupt 1 //定时器 T0 中断子程序
{
        bee = ~bee;//蜂鸣器以20Hz频率鸣叫
        time + +;
        if(time ==20)//1s 定时时间到
        {
            time = 0;
            led = ~led;//LED每隔1s,取反一次
        }
}
```

● 问题及知识点引入

◇ 为什么中断方式的程序中定时器溢出标志位 TF0 不用手动清零了？

下面介绍定时器/计数器控制寄存器 TCON（88H）

前面已经不止一次提到了定时器的溢出标志位 TF0、TF1，其实定时器的溢出标志位也就是定时器的中断标志位。并且在中断的方式下，当定时器计数溢出时，会硬件置位 TF0或 TF1 位，向 CPU 申请中断，CPU 响应了定时器的中断请求后，TF0 或者 TF1 会由硬件自动清零。因此中断方式既不需要查询标志位 TF0 或 TF1 的状态，也不需要清 TF0 或 TF1。

51 单片机的 5 个中断源每一个都有中断标志位，下面一并介绍。51 的中断标志位分布在两个特殊功能寄存器中，即定时器/计数器控制寄存器 TCON 和串行口控制寄存器 SCON，这里先介绍 TCON 中的几个中断标志位。

TCON 是定时器/计数器控制寄存器，它锁存两个定时器/计数器的溢出中断标志及外部中断/INT0 和/INT1 的中断标志，对 TCON 可进行字节寻址和位寻址。寄存器 TCON 中与定时器/计数器中断相关位定义见表 4-3。

表 4-3　寄存器 TCON 中与定时器/计数器中断相关位定义

位	D7	D6	D5	D4	D3	D2	D1	D0	字节地址
TCON	TF1	TR1	TF0	TR0					88H
位地址	8FH	8EH	8DH	8CH					

（1）TR0：定时器/计数器 T0 的启动停止位。

（2）TF0：定时器/计数器 T0 溢出中断请求标志位。启动 T0 后，定时器/计数器 T0 从初值开始加 1 计数，当最高位产生溢出时，由硬件将 TF0 置 1，向 CPU 申请中断，CPU 响应 TF0 中断时，TF0 由硬件清 0。

（3）TR1：定时器/计数器 T1 的启动停止位。

（4）TF1：定时器/计数器 T1 溢出中断请求标志位，其操作功能和 TF0 类似。

当单片机复位后，TCON 被清 0，则 CPU 中断被关闭，所有中断请求被禁止。

任务4.3　多功能数字钟的实现

1. 工作任务描述

工作任务基本要求：

（1）利用数码管显示时、分、秒。

（2）可以设定时间，具有闹铃功能。

（3）具备整点报时功能，但可以人为打开或关闭。

系统时间开始默认为 12：00：00（24h 制），整点报时功能默认为打开，闹钟默认为00：00：00。按下按键 1，小时加 1；按下按键 2，分钟加 1；按下按键 3，为设置闹钟，当闹铃响时，此时按下按键 4，则会关闭响铃。按键 4 控制整点报时的开关。

2. 工作任务分析

前面练习过数码管的显示、定时器的 1s 定时、独立按键的使用以及蜂鸣器的控制等相近功能的任务，还包括 00 ~ 99 计数器设计，结合以上知识，就不难实现该任务。

3. 工作步骤

步骤一：确定数字钟的基本功能。

步骤二：确定数字钟要使用硬件资源，设计硬件电路图。

步骤三：打开集成开发环境，建立一个新的工程。

步骤四：编写程序，编译生成目标文件。

步骤五：下载调试。

4. 工作任务设计方案及实施

程序示例如下：

```
/********************************************************************
******
    名称：多功能数字钟
********************************************************************
*****/
    #include <reg52.h>    //包含头文件
    #include <intrins.h>


    #define uchar unsigned char
    #define uint unsigned int
    //74HC595 与单片机连接口
    sbit SCK_HC595 = P2^7;      //74HC595 移位时钟信号输入端(11)
    sbit RCK_HC595 = P2^6;      //74HC595 锁存信号输入端(12)
    sbit OUTDA_HC595 = P2^5;    //74HC595 数据信号输入端(14)
    //定义按键
    sbit KEY1 = P1^5;        //时调整
    sbit KEY2 = P1^6;        //分调整
    sbit KEY3 = P1^7;        //闹钟调整
    sbit KEY4 = P3^3;        //整点报时开关
    //定义 P0 口
    sbit P00 = P0^0;
    sbit P01 = P0^1;
    sbit P02 = P0^2;
    sbit P03 = P0^3;
    sbit P04 = P0^4;
    sbit P05 = P0^5;
    sbit P06 = P0^6;
    sbit P07 = P0^7;
    //定义蜂鸣器
    sbit alarm = P3^5;


    //定义时钟缓冲器设定初始时间为12-00-00,时-分-秒
    set_time[3] = {0x0c,0x00,0x00};


    //共阴极数码管显示代码
    uchar code led_7seg[10] = {0x3F,0x06,0x5B,0x4F,0x66,//0 1 2 3 4
                          0x6D,0x7D,0x07,0x7F,0x6F}; //5 6 7 8 9


    uchar t = 0,KEY3_flag = 0,KEY4_flag,baoshi_flag = 0;
    uchar alarm_sec = 0,alarm_min = 0,alarm_hou = 0,alarm_flag = 0,alarmoff = 0;
```

```
void delayms(uint dec) //延时子函数
{
 uchar j;
 for(;dec>0;dec--)
    for(j=0;j<125;j++) { ; }
}
//###################################################
void time0_init()//定时器0初始化
{
        TMOD=0X01;          //定时器0方式1
        TH0=0X3C;           //定时器赋初值
        TL0=0XB0;
        EA=1;               //开总中断
        ET0=1;              //开定时器0中断
        TR0=1;              //启动定时器0
}
//###################################################
void updata_clock()//数据更新子函数
{
    set_time[2]++;          //秒加1
    if(set_time[2]==0x3c)
    {
        set_time[2]=0;
        set_time[1]++;      //分加1
        if(set_time[1]==0x3c)
        {
            set_time[1]=0;
            set_time[0]++;//时加1
            if(set_time[0]==0x18)
            set_time[0]=0;
        }
    }
}
//###################################################
void scankey()                  //扫描按键子函数
{
    if(!KEY1)                   //有按键按下
    {
        delayms(5);             //消除按键抖动
        while(!KEY1);
        if(alarm_flag==1)           //闹钟调整
        {
        alarm_hou++;
```

```
                              if(alarm_hou = =0x18) alarm_hou=0;
                      }
                  else                      //时钟调整
                  {
                      set_time[0] + +;
                      if(set_time[0] = =0x18) set_time[0]=0;
                  }
              }
          if(! KEY2)                      //有按键按下
          {
              delayms(5);                 //消除按键抖动
              while(! KEY2);
              if(alarm_flag = =1)         //闹钟调整
              {
                  alarm_min + +;
                  if(alarm_min = =0x3c) alarm_min=0;
              }
              else                        //时钟调整
              {
                  set_time[1] + +;
                  if(set_time[1] = =0x3c) set_time[1]=0;
              }
          }
          if(! KEY3)              //有按键按下
          {
              delayms(5);        //消除按键抖动
              while(! KEY3);
              KEY3_flag + +;
              if(KEY3_flag = =2) KEY3_flag=0;
              if(KEY3_flag% 2 = =1) alarm_flag=1;
              else alarm_flag=0;
          }
          if(! KEY4)              //有按键按下,KEY4 同时也是整点报时开关
          {
              delayms(5);        //消除按键抖动
              while(! KEY4);
              KEY4_flag + +;
              alarmoff=1;
              if(KEY4_flag = =2) KEY4_flag=0;
              if(KEY4_flag% 2 = =1) baoshi_flag=1;
              else baoshi_flag=0;
          }
      }
```

```
//####################################################
void write_HC595(uchar wrdat) //向74HC595发送一个字节的数据
{
    uchar i;
    SCK_HC595 = 0;
    RCK_HC595 = 0;
    for(i = 8;i > 0;i--)                  //循环8次,写一个字节
    {
        OUTDA_HC595 = wrdat&0x80;         //发送BIT0位
        wrdat < < = 1;                    //要发送的数据右移,准备发送下一位
        SCK_HC595 = 0;
        SCK_HC595 = 1;                    //移位时钟上升沿
        SCK_HC595 = 0;
    }
    RCK_HC595 = 0;                        //上升沿将数据送到输出锁存器
    RCK_HC595 = 1;
    RCK_HC595 = 0;
}
//####################################################
void display_led_clock() //显示子函数
{
    uchar temp,seg;
    if(alarm_flag = =1)
    temp = alarm_hou/10;
    else
    temp = set_time[0]/10;
    seg = led_7seg[temp];   //取段码
    write_HC595(seg);
    P00 = 0;                     //选通时一十位
    delayms(5);                  //延时5ms
    P00 =1;

    if(alarm_flag = =1)
    temp = alarm_hou% 10;
    else
    temp = set_time[0]% 10;
    seg = led_7seg[temp];   //取段码
    write_HC595(seg);
    P01 = 0;                     //选通时一个位
    delayms(5);                  //延时5ms
    P01 =1;

    write_HC595(0x40);
```

```
P02 = 0;
delayms(5);
P02 = 1;

if(alarm_flag = =1)
temp = alarm_min/10;
else
temp = set_time[1]/10;
seg = led_7seg[temp];//取段码
write_HC595(seg);
P03 = 0;                 //选通分一十位
delayms(5);              //延时 5ms
P03 = 1;

if(alarm_flag = =1)
temp = alarm_min% 10;
else
temp = set_time[1]% 10;
seg = led_7seg[temp];//取段码
write_HC595(seg);
P04 = 0;                 //选通分一个位
delayms(5);              //延时 5ms
P04 = 1;

write_HC595(0x40);
P05 = 0;
delayms(5);
P05 = 1;

if(alarm_flag = =1)
temp = 0;
else
temp = set_time[2]/10;
seg = led_7seg[temp];//取段码
write_HC595(seg);
P06 = 0;                 //选通秒一十位
delayms(5);              //延时 5ms
P06 = 1;

if(alarm_flag = =1)
temp = 0;
else
temp = set_time[2]% 10;
```

```
        seg = led_7seg[temp];//取段码
        write_HC595(seg);
        P07 = 0;              //选通秒一个位
        delayms(5);           //延时 5ms
        P07 = 1;
}
//##################################################
void alarm_ring()//闹钟子函数
{
    uchar i;
    if(set_time[0] = = 0&&set_time[1] = = 0&&set_time[2] = = 0)
    {
        alarmoff = 0;
    }
    if(alarm_hou = = set_time[0]&&alarm_min = = set_time[1]&&alarm_sec = = set_time[2])
    //闹钟判断
    {
        for(i = 1000;i > 0;i--)
        {
            scankey();
            display_led_clock();
            if(alarmoff = = 0)
            {
                alarm = 0;
                delayms(20);
                alarm = 1;
                delayms(20);
            }
        }
    }
    if(set_time[1] = = 0&&set_time[2] = = 0&&baoshi_flag = = 0) //整点判断
    {
        for(i = 5;i > 0;i--)
        {
            scankey();
            display_led_clock();
            alarm = 0;
            delayms(20);
            alarm = 1;
            delayms(20);
        }
    }
}
```

```
//#####################################################
void main()//主函数
{
    time0_init();//调用定时器0初始化子函数
    while(1)
    {
        scankey();
        display_led_clock();
        alarm_ring();
    }
}
//#####################################################
void timer0() interrupt 1 using    1//定时器0服务子函数
{
    TF0 = 0;
    TH0 = 0X3C;                        //定时器重新赋初值
    TL0 = 0XB0;
    t + +;
    if(t > = 20)
    {
        t = 0;
        updata_clock();                //调用数据更新子函数
    }
}
```

任务4.4 实战练习

◇ 练习一 利用定时器中断实现99s计时。

◇ 练习二 同时用两个定时器控制蜂鸣器发声，定时器0控制频率，定时器1控制同个频率持续的时间，间隔2s依次输出频率为1、10、50、100、200、400、800、1kHz的方波？设晶振频率为12MHz。

蜂鸣器的发声控制

蜂鸣器虽然结构简单，但如果配合合理的程序控制也是可以演奏复杂音乐的。

● **项目目标与要求**

　◇ 理解中断优先级原则
　◇ 掌握中断嵌套程序设计
　◇ 掌握蜂鸣器复杂应用

● **项目工作任务**

　◇ 分解项目，通过分解任务完成对新知识点的学习
　◇ 设计的电路原理图
　◇ 建立软件开发环境，编写控制程序，并编译生成目标文件
　◇ 下载到开发板，调试通过

任务 5.1　蜂鸣器简单发声控制

1. 工作任务描述

要求单片机上电 1s 后，蜂鸣器开始鸣叫，然后按外部中断按键，触发外部中断使蜂鸣器停止发声一段时间后再发声。

2. 工作任务分析

单片机上电后启动定时器定时 1s，定时时间到时进入定时器中断程序，打开蜂鸣器，并停留在中断程序中，等待外部中断触发，在外部中断中将蜂鸣器关闭一段时间后再打开。

3. 工作步骤

步骤一：设计硬件电路原理图。

步骤二：打开集成开发环境，建立一个新的工程。

步骤三：编写程序，编译生成目标文件。

步骤四：下载调试。

4. 工作任务设计方案及实施

按键电路如图 5-1 所示，其中 KEY4 为外部中断触发按键。蜂鸣器电路如图 5-2 所示。

程序示例如下：

```
#include <REGX51.H>          //51头文件
```

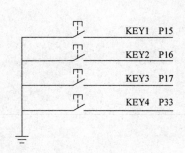

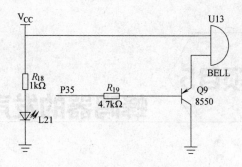

图 5-1　按键电路　　　　　　　　　　图 5-2　蜂鸣器电路

```c
#define uchar unsigned char        //宏定义常用数据类型关键字
#define uint unsigned int


void delay();                      //声明延时子程序


sbit key4 = P3^3;                  //外部中断按键
 sbit bee = P3^5;                  //蜂鸣器
uchar num;


/* 在主程序中完成对各相关寄存器的配置,等待中断到来*/
void main()
{
    TMOD = 0x01;                   //设置定时器 T0,工作方式 1
    TH0 = (65536-50000)/256;       //设置 50ms 定时初值
    TL0 = (65536-50000)% 256;
    EA = 1;                        //开总中断允许位
    ET0 = 1;                       //开定时器 T0 中断允许位
    EX1 = 1;                       //开外部中断 1 中断允许位
    PT0 = 0;                       //设置定时器 T0 的中断优先级为低
    PX1 = 1;                       //设置外部中断 1 的中断优先级为高
    TR0 = 1;                       //启动定时器
    IT1 = 0;                       //外部中断电平触发
    while(1);                      //等待
}


void Timer0() interrupt 1          //定时器 T0 中断服务子程序
{
    TH0 = (65536-50000)/256;       //重新赋初值
    TL0 = (65536-50000)% 256;
    num + +;
    if (num = =2 0)                //1s 时间到,蜂鸣器开始鸣叫
    {
```

```
            num = 0;
            while(1)
            {
                bee = 0;
            }
        }
    }

    void int1() interrupt 2        //外部中断 1 服务子程序
    {
        bee = 1;                   //关闭蜂鸣器
        TR0 = 0;                   //关闭定时器
        delay();                   //延时一段时间
    }

    void delay()                   //延时子程序
    {
        uint i,ii;
        for(i = 0;i < =1000;i + +)
        for(ii = 0;ii < =1000;ii + +);
    }
```

● **问题及知识点引入**

◇ 什么是外部中断?
◇ 外部中断的触发
◇ 什么是中断的嵌套?

5.1.1 什么是外部中断

外部中断就是中断申请的信号来自单片机的外部,51 单片机有两个中断源,即外部中断 0 和外部中断 1。它们的中断信号分别由引脚/INT0（P3.2）和/INT1（P3.3）输入。中断请求标志为 IE0 和 IE1（定时器/计数器控制寄存器 TCON 的 D1 位和 D3 位）。相对于外部中断,51 单片机还有 3 个内部中断源,即定时器 T0 中断、定时器 T1 中断和串行中断。

定时器中断是由内部定时器计数产生计数溢出所引起的中断,属于内部中断。当计数溢出时即表明定时器/计数器已满,产生中断请求。定时器/计数器中断包括定时器/计数器 T0 溢出中断和定时器/计数器 T1 溢出中断。中断请求标志位为 TF0 和 TF1（TCON 的 D5 位和 D7 位）。

串行中断是为满足串行数据传送的需要而设置的,属于内部中断,每当串行口接收或发送完一帧数据时,就产生一个中断请求。中断标志为 TI 或 RI（分别为串行口控制寄存器 SCON 的 D1 和 D0 位）,将在项目 6 中作详细介绍。

5.1.2 外部中断的触发

外部中断源如何触发中断,即外部设备通过一种什么形式的信号来通知外部中断源,这就是所谓的触发方式。外部中断请求有两种触发方式：电平触发和边沿脉冲触发。

1. 电平触发方式

电平触发是低电平有效。只要单片机在中断请求输入端（/INT0 或/INT1）上采样到有效的低电平时，就激活外部中断。此时，中断标志位的状态随 CPU 在每个机器周期采样到的外部中断输入引脚的电平变化而变化，这样提高了 CPU 对外部中断请求的响应速度。但外部中断若有请求必须把有效的低电平保持到请求获得响应为止，不然就会漏掉。而在中断服务程序结束之前，中断源又必须撤销其有效的低电平，否则中断返回主程序后会再次产生中断。所以电平触发方式适合于外部中断以低电平输入且中断服务程序能清除外部中断请求源的情况。

2. 边沿触发方式

边沿脉冲触发则是脉冲的下降沿有效。该方式下，CPU 在每个机器周期的 S5P2 期间对引脚/INT0 或 INT1 输入的电平进行采样。若 CPU 第一个机器周期采样到高电平，在另一个机器周期内采样到低电平，即在两次采样期间产生了先高后低的负跳变时，则认为中断请求有效。因此，在这种中断请求信号方式下，中断请求信号的高电平状态和低电平状态都应至少维持一个机器周期，以确保电平变化能被单片机采样到。边沿触发方式适合于以负脉冲形式输入的外部中断请求。寄存器 TCON 中与外部中断相关位定义见表 5-1。

表 5-1 寄存器 TCON 中与外部中断相关位定义

位	D7	D6	D5	D4	D3	D2	D1	D0	字节地址
TCON					IE1	IT1	IE0	IT0	88H
位地址					8BH	8AH	89H	88H	

（1）IT0：外部中断 0 触发方式控制位。IT0 = 0，为电平触发方式（低电平有效）；IT0 = 1，为边沿触发方式（下降沿有效）。

（2）IE0：外部中断 0 中断请求标志位。当 IE0 = 1 时，表示/INT0 向 CPU 请求中断。

（3）IT1：外部中断 1 触发方式控制位，其操作功能与 IT0 类似。

（4）IE1：外部中断 1 中断请求标志位。当 IE1 = 1 时，表示/INT1 向 CPU 请求中断。

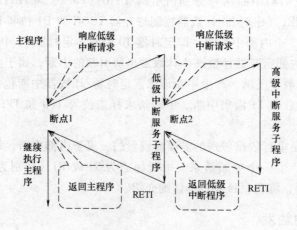

图 5-3 中断嵌套过程

5.1.3 什么是中断的嵌套

当 CPU 正在处理某一中断源的请求时，若有优先级比它高的中断源发出中断申请，则 CPU 暂停正在进行的中断服务程序，并保留这个程序的断点，在高级的中断处理完毕后，再回到原被中断的源程序执行中断服务程序。此过程称为"中断嵌套"，如图 5-3 所示。

任务 5.2 蜂鸣器的多种频率发声控制

1. 工作任务描述

同时用两个定时器控制蜂鸣器发声，定时器 0 控制频率，定时器 1 控制同个频率持续的时间，间隔 2s 依次输出 1、10、50、100、200、400、800、1kHz 的方波？设晶振频率为 12MHz。

2. 工作任务分析

整个任务需要两个定时器协同工作，定时器 0 控制频率，定时器 1 控制同个频率持续的时间，间隔 2s 依次输出 1、10、50、100、200、400、800、1kHz 的方波。

3. 工作步骤

步骤一：设计硬件电路原理图。

步骤二：打开集成开发环境，建立一个新的工程。

步骤三：编写程序，编译生成目标文件。

步骤四：下载调试。

4. 工作任务设计方案及实施

电路图如图 6-2 所示，程序示例如下：

```c
#include <REGX51.H>

#define uchar unsigned char
#define uint unsigned int

sbit bee = P3^5;
uchar tflag,tt;
uint fre;

void main()
{
    fre = 50000;
    TMOD = 0x11;
    TH0 = (65536-fre)/256;
    TL0 = (65536-fre)%256;
    TH1 = (65536-50000)/256;
    TL1 = (65536-50000)%256;
    TR0 = 1;TR1 = 1;
    EA = 1;
```

```
    ET0 =1;
    ET1 =1;
    while(1);
}


void Temer0 () interrupt 1
{
    TR0 =0;
    TH0 = (65536- fre)/256;
    TL0 = (65536- fre)/256;
    tt + +;
    switch(tflag/40)
    {
        case 0:
        if(tt = =10)
        {
            tt =0;
            fre =50000;
            bee = ~ bee;
        }
        break;
        case 1:
            tt =0;
            fre =50000;
            bee = ~ bee;
            break;
        case 2:
            tt =0;
            fre =10000;
            bee = ~ bee;
            break;
        case 3:
            tt =0;
            fre =5000;
            bee = ~ bee;
            break;
        case 4:
            tt =0;
            fre =2500;
            bee = ~ bee;
            break;
        case 5:
            tt =0;
```

```
            fre = 1250;
            bee = ~bee;
            break;
        case 6:
            tt = 0;
            fre = 625;
            bee = ~bee;
            break;
        case 7:
            tt = 0;
            fre = 312;
            bee = ~bee;
            break;
            default:
            break;
        }
        TR0 = 1;
}

void Timer1 () interrupt 3
{
    TH1 = (65536-50000)/256;
    TL1 = (65536-50000)% 256;
    tflag + +;
    if(tflag = =320)
    {
        tflag = 0;
        fre = 50000;
    }
}
```

● **问题及知识点引入**

◇ 中断的优先级原则是什么？
◇ 中断处理具体过程

5.2.1 中断的优先级控制

之所以有中断的嵌套，就是因为一个优先级更高的事件打断了一个优先级相对低的事件，那么51单片机的优先级是怎么样的，它们又是如何控制的？

1. 中断优先级控制寄存器 IP（B8H）

51单片机的优先级一共只有两级，即高优先级和低优先级。任何一个中断源都可以设置为高优先级和低优先级，可以通过中断优先级控制寄存器 IP 来设置，对 IP 可进行字节寻址和位寻址，其格式见表5-2。

表 5-2　寄存器 IP 位格式

位	D7	D6	D5	D4	D3	D2	D1	D0	字节地址
IP	—	—	—	PS	PT1	PX1	PT0	PX0	B8H
位地址	BH	BEH	BDH	BCH	BBH	BAH	B9H	B8H	

（1）PS：串行口中断优先级控制位。PS = 0，设置串行口中断为低优先级；PS = 1，设置串行口中断为高优先级。

（2）PT1（PT0）：定时器/计数器 T1（T0）中断优先级控制位。PT1（PT0）= 0，设置定时器/计数器 T1（T0）为低优先级；PT1（PT0）= 1，设置定时器/计数器 T1（T0）为高优先级。

（3）PX1（PX0）：/INT0（/INT1）中断优先级控制位。PX1（PX0）= 0，设置外部中断 1（外部中断 0）为低优先级；PX1（PX0）= 1，设置外部中断 1（外部中断 0）为高优先级。

系统复位后，IP 各位为 0，所有中断源设置为低优先级，通过更新 IP 的内容，就可以很容易地改变各中断源的中断优先级。

2. 51 单片机中断优先级的 3 条原则

（1）CPU 同时接收到几个中断时，首先响应优先级别最高的中断请求。

（2）正在进行的中断过程不能被新的同级或低优先级的中断请求所中断。

（3）正在进行的低优先级中断服务，能被高优先级中断请求所中断。

为了实现上述后两条原则，中断系统内部设有两个用户不能寻址的优先级状态触发器。其中一个置 1 时表示正在响应高优先级的中断，它将阻断后来所有的中断请求；另一个置 1 时表示正在响应低优先级中断，它将阻断后来所有的低优先级中断请求。

总结：采用中断工作方式时，要从以下几个方面对中断进行控制和管理：

（1）CPU 开中断和关中断。

（2）某个中断源中断请求的允许与屏蔽。

（3）各中断优先级别的设置。

（4）外部中断请求的触发方式。

5.2.2　中断的处理过程

中断处理过程分为 4 个阶段：中断请求→中断响应→中断服务→中断返回。其中，中断请求和中断响应是由中断系统硬件自动完成的。

1. 中断响应的条件

CPU 中断响应的条件是：

（1）中断源有中断请求。

（2）此中断的中断允许位为 1。

（3）CPU 开总中断。

只有当同时满足这 3 个条件时，CPU 才有可能响应中断。

CPU 执行程序过程中，在每个机器周期的 S5P2 期间，中断系统对各个中断源进行采样。这些采样值在下一个机器周期内按优先级和内部顺序被依次查询。如果某个中断标志在上一个机器周期的 S5P2 时被置 1，则它将在现在的查询周期中及时被发现。接着 CPU 便执行一条由中断系统提供的硬件 LCALL 指令，转向被称为中断向量的特定地址单元，进入相应的中断服务程序。

若遇到下列任一条件，硬件将受阻，不能产生 LCALL 指令：

（1）CPU 正在处理同级或高优先级的中断。

（2）当前查询的机器周期不是所执行指令的最后一个机器周期。即在完成所执行指令前，不会响应中断，从而保证指令在执行过程中不被打断。

（3）在执行的指令为 RET、RETI 或任何访问 IE 或 IP 的指令。即只有在这些指令后面至少再执行一条指令时才能接收中断请求。

2. 中断响应过程

中断响应过程如下：

（1）将相应的优先级状态触发器置 1（以阻断后来的同级或低级的中断请求）。

（2）执行一条硬件 LCALL 指令，即把程序计数器 PC 的内容压入堆栈保存，再将相应的中断服务程序的入口地址送入 PC。

（3）执行中断服务程序。

中断响应过程的前两步是由中断系统内部自动完成的，而中断服务程序则要由用户编写程序来完成。

3. 中断返回

中断服务程序的最后一条指令必须是中断返回指令 RETI。RETI 指令能使 CPU 结束中断服务程序的执行，返回到曾经中断过的程序处，继续执行主程序。RETI 指令的具体功能如下：

（1）将中断响应时压入堆栈保存的断点地址从栈顶弹出送回 PC，CPU 从原来中断的地方继续执行程序。

（2）将相应的中断优先级触发器清 0，通知中断系统，中断服务已执行完毕。

应当注意，不能用 RET 指令代替 RETI 指令，因为用 RET 指令虽然也能控制 PC 返回到原来中断的地方，但 RET 指令没有清 0 中断优先级触发器的功能，中断控制系统会认为中断仍在进行，其后果是与此同级的中断请求不被响应。所以中断程序结束时必须使用 RETI 指令。

若用户在中断服务程序中进行了入栈操作，则在 RETI 指令执行前应进行相应的出栈操作，使栈顶指针 SP 与保护断点后的值相同，即在中断服务程序中 PUSH 指令与 POP 指令必须成对使用，否则不能正确返回断点。

任务5.3 蜂鸣器的音乐演奏发声控制

1. 工作任务描述

通过蜂鸣器演奏一段简单的音乐，设晶振频率为 12MHz。

2. 工作任务分析

任务采用自顶向下的设计方法，先写 Play_ song（）函数，然后再在 Play_ song（）函数中调用 beeping（uchar frequence，uchar length）函数来使蜂鸣器发出不同频率的声调，再加上延时时间的控制，自然形成节拍，有了音调和节拍，自然就可以演奏乐曲了。这里使用定时器中断0来控制节拍，音调则由编写的延时函数来控制，通过延时来实现发出不同频率的音调。

3. 工作步骤

步骤一：设计硬件电路原理图。

步骤二：打开集成开发环境，建立一个新的工程。

步骤三：编写程序，编译生成目标文件。

步骤四：下载调试。

4. 工作任务设计方案及实施

程序示例如下：

```
#include < reg52. h >
#include < intrins. h >
#define uchar unsigned char
#define uint unsigned int

sbit beep = P3^5;//蜂鸣器控制端
//定义全局变量
uchar count = 0;
//音符表 uchar code SOUNG[ ] = {
0x26,0x20,0x20,0x20,0x20,0x20,0x26,0x10,0x20,0x10,0x20,0x80,0x26,
0x20,0x30,0x20,0x30,0x20,0x39,0x10,0x30,0x10,0x30,0x80,0x26,0x00,
0x20,0x20,0x20,0x20,0x1c,0x20,0x20,0x80,0x2b,0x20,0x26,0x20,0x20,
0x20,0x2b,0x10,0x26,0x10,0x2b,0x80,0x26,0x20,0x30,0x20,0x30,0x20,
0x39,0x10,0x26,0x10,0x26,0x60,0x40,0x10,0x39,0x10,0x26,0x20,0x30,
0x20,0x30,0x20,0x39,0x10,0x06,0x10,0x26,0x80,0x26,0x20,0x26,0x10,
0x2b,0x10,0x2b,0x20,0x30,0x10,0x39,0x10,0x26,0x10,0x26,0x10,0x26,
0x20,0x2b,0x40,0x40,0x20,0x20,0x10,0x20,0x10,0x2b,0x10,0x26,0x30,
0x30,0x80,0x18,0x20,0x10,0x20,0x26,0x20,0x20,0x20,0x20,0x40,0x26,
0x20,0x2b,0x20,0x30,0x20,0x30,0x20,0x1c,0x20,0x20,0x20,0x20,0x80,
0x1c,0x20,0x1c,0x20,0x1c,0x20,0x30,0x20,0x30,0x60,0x39,0x10,0x30,
0x10,0x20,0x20,0x2b,0x10,0x26,0x10,0x26,0x10,0x26,0x10,0x26,0x10,
0x2b,0x10,0x2b,0x80,0x18,0x20,0x18,0x20,0x26,0x20,0x20,0x20,0x20,
0x60,0x26,0x10,0x2b,0x20,0x30,0x20,0x30,0x20,0x1c,0x20,0x20,0x20,
0x20,0x80,0x26,0x20,0x30,0x10,0x30,0x10,0x30,0x20,0x39,0x20,0x26,
0x10,0x2b,0x10,0x2b,0x20,0x2b,0x40,0x40,0x10,0x40,0x10,0x20,0x10,
0x20,0x10,0x2b,0x10,0x26,0x30,0x30,0x80,0x00,};
void time0 () interrupt 1
{
 TH0 = 0xD8;
 TL0 = 0xEF;
 count + +;
}
```

```
void delay(uchar x)
{
 uchar i,j;
 for(i=0;i<x;i++)
    for(j=0;j<3;j++);
}
//放音子函数
void beeping(uchar frequence,uchar length)
{

TR0=1;
while(1)
{
 beep=~beep;
 delay(frequence);
 if(length==count)
 {
  count=0;
  break;
 }
}
  TR0=0;
  beep=1;
 }
 //放音主函数
 void Play_song()
 {
  uchar temp;
  uint addr=0;
  count=0;
  while(1)
  {
   temp=SOUNG[addr++];
   if(temp==0xff)
   {
    TR0=0;
    delay(100);
   }
   else { if(temp==0x00) return;
          else beeping(temp,SOUNG[addr++]);
        }
  }
 }
```

```
//主函数
void main()
{
 TMOD = 0x01;
 IE = 0x82;
 TH0 = 0xD8;
 TL0 = 0xEF;
 while(1)
 {
  Play_song();
 }
}
```

● **问题及知识点引入**

◇ 蜂鸣器播放音乐的基本原理是什么

单片机演奏一个音符是通过控制定时器周期性，这就需要单片机在半个周期内输出低电平，另外半个周期输出高电平，如此循环。由于周期为频率的倒数，因此可以通过音符的频率计算出周期。演奏时，根据音符的不同，把对应的半个周期的定时时间初始值送入定时器，再由定时器定时输出高低电平即可。程序中的数据表，其中存放了事先算好的各种音符频率所对应的半周期的定时时间初始值。通过这些数据，单片机就可以演奏从低音、中音、高音到超高音，4 个八度共 28 个音符。演奏乐曲时，就能根据音符的不同数值，从表中找到定时时间初始值，送入定时器来控制音调。

基于RS-232的串口通信接口设计

项目6

单片机系统除了要完成对外部设备的控制外，与外围设备或单片机之间以及与上位机间进行数据交换也是必不可少的，这种情况称为单片机的数据通信。常用的异步串行通信接口有 RS-232、RS-485 等，本项目通过对 RS-232 接口的具体应用，引导学生掌握单片机串行通信的应用方法。

● **项目目标与要求**

    ◇ 掌握串行通信

    ◇ 了解 RS-232 接口标准

    ◇ 了解 MAX232 电平转换

● **项目工作任务**

    ◇ 分解项目，通过分解任务完成对新知识点的学习

    ◇ 设计电路原理图

    ◇ 建立软件开发环境，编写控制程序，并编译生成目标文件

    ◇ 下载到开发板，调试通过

任务6.1　单片机将串行数据发送给 PC

1. 工作任务描述

单片机在按键的控制下发送一组数据，PC 接收，利用串行接口调试助手查看结果。

2. 工作任务分析

单片机系统除了要完成对外部设备的控制外，与外围设备、单片机或 PC 之间进行数据交换也是必不可少的，该任务要通过配置 51 单片机的串行通信接口，完成将单片机的数据发送到 PC 上。

3. 工作步骤

步骤一：设计串行通信接口电路原理图。

步骤二：打开集成开发环境，建立一个新的工程。

步骤三：编写程序，编译生成目标文件。

步骤四：下载调试。

4. 工作任务设计方案及实施

串行通信接口电路原理如图 6-1 所示。

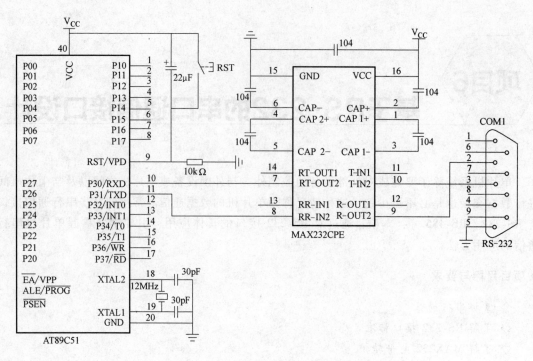

图 6-1 串行通信接口电路原理

程序示例如下：

```
#include <REGX51.H>

sbit key1 = P1^5;
unsigned char code Tab[] = {0xFE,0xFD,0xFB,0xF7,0xEF,0xDF,0xBF,0x7F};
unsigned char i = 0;
//向串行接口发送一个字符
void send(unsigned char dat)
{
    SBUF = dat;
    while(TI = =1)
    TI = 0;

}
void delay(void)
{
    unsigned char m,n;
    for(m = 0;m < 60;m + +)
        for(n = 0;n < 250;n + +);

}

void main()
```

```
    {
            SCON = 0x50;//串行接口工作方式1,允许接收
            TMOD = 0X20;//定时器1,方式2
            TH1 = 0XF4;//晶振12MHz,波特率2400bit/s
            EA = 0;//开总中断
            TR1 = 1;//启动定时器
            while(1)
            {
                if(key1 = = 0)
                {
                    delay();
                    if(key1 = = 0)
                    {
                    send(Tab[i]);
                    delay();
                    i + +;
                    if(i = = 7)
                    i - 0;
                    }
                }
            }

    }
```

● **问题及知识点引入**

◇ 串行接口的基本结构是怎样的?

◇ SCON 是什么,有什么作用?

◇ SBUF 是什么?

◇ 什么是波特率? 串行通信的波特率如何产生? 波特率的计算方式?

6.1.1　串行接口的基本结构

　　51 系列单片机的串行接口占用 P3.0 和 P3.1 两个引脚,是一个全双工的异步串行通信接口,可以同时发送和接收数据。P3.0 是串行数据接收端 RXD,P3.1 是串行数据发送端 TXD。51 单片机串行接口的内部结构如图 6-2 所示。

　　51 单片机串行接口的结构由串行接口控制电路、发送电路和接收电路 3 部分组成。发送电路由发送缓冲器 (SBUF)、发送控制电路组成。接收电路由接收缓冲器 (SBUF)、发送控制电路组成。两个数据缓冲器在物理上是相互独立的,在逻辑上却占用同一个字节地址(99H)。

6.1.2　串行接口控制寄存器 SCON

　　特殊功能寄存器 SCON 存放串行接口的控制和状态信息,串行接口的工作方式是由串行

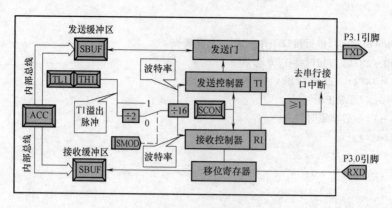

图 6-2　51 单片机串行接口的内部结构

接口控制寄存器 SCON 控制的，其格式见表 6-1。

表 6-1　SCON 格式

位	D7	D6	D5	D4	D3	D2	D1	D0	字节地址
SCON	SM0	SM1	SM2	REN	TB8	RB8	TI	RI	98H
位地址	9FH	9EH	9DH	9CH	9BH	9AH	99H	98H	

（1）SM0 和 SM1：用于设置串行接口的工作方式，两位可选择 4 种工作方式，见表 6-2。

表 6-2　串行端口工作方式

SM0	SM1	方式	功能说明	波特率
0	0	0	同步移位寄存器方式	fosc/12
0	1	1	10 位 UART	可变
1	0	2	11 位 UART	fosc/64 或 fosc/32
1	1	3	11 位 UART	可变

（2）SM2：方式 2 和方式 3 的多级通信控制位。对于方式 2 或方式 3，如 SM2 置为 1，则接收到的第 9 位数据（RB8）为 1 时置位 RI，否则不置位；对于方式 1，若 SM2 = 1，则只有接收到有效的停止位时才会置位 RI；对于方式 0，SM2 应该为 0。

（3）REN：允许串行接收位，由软件置位或清零。REN = 1 时，串行接口允许接收数据；REN = 0 时，则禁止接收。

（4）TB8：对于方式 2 和方式 3，是发送数据的第 9 位。可用作数据的奇偶校验位，或在多机通信中作为地址帧/数据帧的标志位：TB8 = 0，发送地址帧；TB8 = 1，发送数据帧。需要有软件置 1 或清 0。

（5）RB8：对于方式 2 和方式 3，是接收数据的第 9 位，作为奇偶校验位或地址帧/数据帧的标志位；对于方式 1，若 SM2 = 0，则 RB8 是接收到的停止位；对于方式 0，不使用 RB8。

（6）TI：发送中断标志位。由硬件在方式 0 串行发送第 8 位结束时置位，或在其他方式串行发送停止位的开始时置位，向 CPU 发中断申请。但必须在中断服务程序中由软件将其清 0，取消此中断请求。

（7）RI：接收中断标志位。由硬件在方式 0 接收到第 8 位结束时置位，或在其他方式接收到停止位的中间时置位，向 CPU 发中断申请。但必须在中断服务程序中由软件将其清0，取消此中断请求。

6.1.3　数据缓冲器 SBUF

发送缓冲器只管发送数据，51 单片机没有专门的启动发送指令，发送时，就是 CPU 写入 SBUF 的时候，如：SBUF = dat；（MOV　SBUF，A）；接收缓冲器只管接收数据，接收时，就是 CPU 读取 SBUF 的过程，如 dat = SBUF；（MOV　A，SBUF）。数据接收缓冲器只能读出不能写入，数据发送缓冲器只能写入不能读出。CPU 对特殊功能寄存器 SBUF 执行写操作，就是将数据写入发送缓冲器；对 SBUF 执行读操作就是读出接收缓冲器的内容，所以可以同时发送和接收数据。对于发送缓冲器，由于发送时 CPU 是主动的，不会产生重叠错误。而接收缓冲器是双缓冲结构，以避免在接收下一帧数据之前，CPU 未能及时响应接收器的中断，没有把上一帧数据取走，就会丢失前一字节的内容。

6.1.4　串行通信工作方式

通过对串行控制寄存器 SM0（SCON.7）和 SM1（SCON.6）的设置，可将 51 单片机的串行通信设置成 4 种不同的工作方式，见表 6-2。

1. 方式 0

当串行通信控制寄存器 SCON 的最高两位 SM0SM1 = 00 时，串行口工作在方式 0。方式0 是扩展移位寄存器工作方式，常常用于外接移位寄存器扩展 I/O 口。此方式下，数据由RXD 串行地输入/输出，TXD 为移位脉冲输出端，使外部的移位寄存器移位。发送和接收都是 8 位数据为 1 帧，没有起始位和停止位，低位在前。

（1）方式 0 输出。方式 0 输出时序如图 6-3 所示。

当执行一条写入 SBUF 的指令时，就启动了串行接口的发送过程（如 MOV　SBUF，A）。串行接口以 fosc/12 的固定波特率从 TXD 引脚输出串行同步时钟，8 位同步数据从 RXD引脚输出。8 位数据发送完后自动将 TI 置 1，向 CPU 申请中断。告诉 CPU 可以发送下一帧数据，在这之前，必须在中断服务程序中用软件将 TI 清 0。

（2）方式 0 输入。方式 0 输入时序如图 6-4 所示。

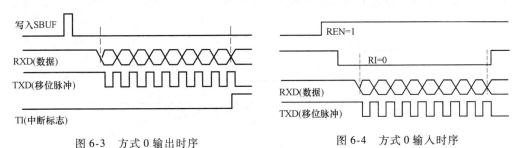

图 6-3　方式 0 输出时序　　　　　图 6-4　方式 0 输入时序

当用户在应用程序中，将 SCON 中的 REN 位置 1 时（同时 RI = 0），就启动了一次数据接收过程。数据从外接引脚 RXD（P3.0）输入，移位脉冲从外接引脚 TXD（P3.1）输出。

8 位数据接收完后，由硬件将输入移位寄存器中的内容写入 SBUF，并自动将 RI 置 1，向 CPU 申请中断。CPU 响应中断后，用软件将 RI 清 0，同时读走输入的数据，接着启动串行接口接收下一个数据。

2. 方式 1

当串行通信控制寄存器 SCON 的最高两位 SM0SM1 = 01 时，串行口工作在方式 1。方式 1 下，串行口是波特率可变的 10 位异步通信接口。TXD 为数据输出线，RXD 为数据输入线。传送一帧数据为 10 位：1 位起始位（0），8 位数据位（低位在先），1 位停止位（1）。方式 1 的波特率发生器由下式确定：

$$方式1波特率 = (2^{SMOD}/32) \times 定时器1的溢出率$$

其中，SMOD 是特殊功能寄存器 PCON 的最高位，即波特率加倍控制位。当 SMOD = 1 时，串行口的波特率加倍，见表 6-3。PCON 的最高位是串行口波特率系数控制位 SMOD，在串行接口方式 1、方式 2、方式 3 时，波特率与 SMOD 有关，当 SMOD = 1 时，波特率加倍，否则不加倍。复位时，SMOD = 0。PCON 的地址为 97H，不能位寻址，需要字节传送。

表 6-3　电源控制寄存器 PCON 中 SMOD 的定义

位	D7	D6	D5	D4	D3	D2	D1	D0	字节地址
PCON	SMOD								97H

（1）方式 1 发送。方式 1 发送时序如图 6-5 所示。

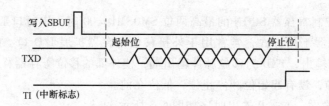

图 6-5　方式 1 发送时序

当执行一条写入 SBUF 的指令时，就启动了串行接口的发送过程。在发送时钟脉冲的作用下，从 TXD 引脚先送出起始位（0），然后是 8 位数据位，最后是停止位（1）。一帧数据发送完后自动将 TI 置 1，向 CPU 申请中断。若要再发送下一帧数据，必须用软件先将 TI 清 0。

（2）方式 1 接收。方式 1 接收时序如图 6-6 所示。

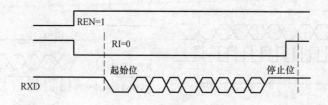

图 6-6　方式 1 接收时序

当用软件将 SCON 中的 REN 位置 1 时（同时 RI = 0），就允许接收器接收。接收器以波特率的 16 倍速率采样 RXD 引脚，当采样到"1"到"0"的负跳变时，即检测到了有效的起始位，就开始启动接收，将输入的 8 位数据逐位移入内部的输入移位寄存器。如果接收不到起始位，则重新检查 RXD 引脚是否有负跳变信号。

当 RI = 0，且 SM2 = 0 或接收到的停止位为 1 时，将接收到的 9 位数据的前 8 位装入接收 SBUF，第 9 位（停止位）装入 RB8，并置位 RI，向 CPU 申请中断。否则接收的信息将被丢弃。所以编程时要特别注意 RI 必须在每次接收完成后将其清 0，以准备下一次接收。通常方式 1 时，SM2 = 0。

3. 方式 2

当串行通信控制寄存器 SCON 的最高两位 SM0SM1 = 10 时，串行接口工作在方式 2。方式 2 下，串行接口是波特率可调的 11 位异步通信接口。TXD 为数据发送引脚，RXD 为数据接收引脚。传送一帧数据为 11 位：1 位起始位（0），8 位数据位（低位在先），第 9 位（附加位）是 SCON 中的 TB8 或 RB8，最后 1 位是停止位（1）。方式 2 的波特率固定为晶振频率的 1/64 或 1/32。

$$方式2波特率 = (2^{SMOD}/64) \times f_{osc}$$

式中，SMOD 是特殊功能寄存器 PCON 的最高位，即波特率加倍控制位。当 SMOD = 1 时，串行口的波特率被加倍。

（1）方式 2 发送。方式 2 发送时序如图 6-7 所示。

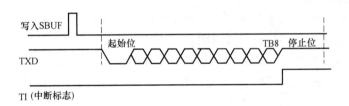

图 6-7　方式 2 发送时序

当执行一条写入 SBUF 的指令时，就启动了串行接口的发送过程，信息从 TXD 引脚输出。一帧数据发送完后自动将 TI 置 1，向 CPU 申请中断。若要再发送下一帧数据，必须用软件先将 TI 清 0。发送的 11 位数据中，第 9 位（附加位）数据放在 TB8 中，在一帧信息发送之前，TB8 可以由用户在应用程序中进行清 0 或置 1，可以作为校验位和帧识别位使用。

（2）方式 2 接收。方式 2 接收时序如图 6-8 所示。

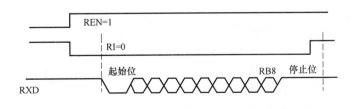

图 6-8　方式 2 接收时序

51 单片机串行接口以方式 2 接收数据时，REN 必须置 1，接收的信息从 RXD 引脚输入。串行口接收器在接收到第 9 位后，当满足 RI = 0 和 SM2 = 0 或接收到的第 9 位为 1 时，接收的 8 位数据被送入 SBUF，第 9 位被送入 RB8，同时将 RI 置 1，向 CPU 申请中断。否则，接收到的信息将被丢弃。

4. 方式 3

由于方式 2 的波特率完全取决于单片机使用的晶振频率，当需要改变波特率时（除了波特率加倍外）往往需要更换系统的晶体振荡器，灵活性较差，而方式 3 的波特率是可以调整的，其波特率取决于定时器 1 的溢出率。当串行通信控制寄存器 SCON 的最高两位 SM0SM1 = 11 时，串行接口工作在方式 3。方式 3 是波特率可调的 11 位异步通信方式，该方式的波特率由下式确定：

$$方式3波特率 = (2^{SMOD}/32) \times 定时器1的溢出率$$

串行接口方式 3 接收数据和发送数据的时序与方式 2 相同，分别如图 6-8 和图 6-7 所示。方式 2 和方式 3 除了使用的波特率发生器不同外，其他都相同，因此在这里不再做介绍。

6.1.5　波特率

所谓波特率即每秒钟传送数据位的个数。为了保证异步通信数据信息的可靠传输，异步通信的双方必须保持一致的波特率。串行接口的波特率是否精确直接影响到异步通信数据传送的效率，如果两个设备之间用异步通信传输数据，但二者之间的波特率有误差，极可能造成接收方错误接收数据。

方式 0 和方式 2 的波特率是固定的，与晶振频率有着密切的关系，这里不再赘述。下面对方式 1 和方式 3 的波特率进行简要说明。

串行接口方式 1 和方式 3 的波特率是可以调整的，由 T1 的溢出率和波特率加倍控制位 SMOD 决定，且 T1 是可编程的，这就允许用户对波特率的调整有较大的范围，因此串行接口方式 1 和方式 3 是最常用的工作方式。

多数情况下，串行接口用 T1 作为波特率发生器，这时方式 1 和方式 3 的波特率由下式确定：

$$方式1和方式3波特率 = 2^{SMOD} \times (T1的溢出率)/32$$

定时器从初值计数到产生溢出，每秒溢出的次数称为溢出率。SMOD = 0 时，波特率等于 T1 溢出率的 1/32；SMOD = 1 时，波特率等于 T1 溢出率的 1/16。

定时器 T1 作波特率发生器时，通常工作于定时模式（$C/\overline{T} = 0$），禁止 T1 中断。T1 的溢出率和它的工作方式有关，一般选方式 2，这种方式可以避免重新设定初值而产生波特率误差。此时 T1 溢出率为：

$$T1溢出率 = f_{osc}/[12 \times (256 - TH1)]$$

波特率的计算公式为：

$$方式1和方式3的波特率 = 2^{SMOD} \times f_{osc}/[32 \times 12(256 - TH1)]$$

在单片机的应用中，相同机种单片机波特率很容易达到一致，只要晶振频率相同，可以采用完全一致的设置参数。异机种单片机的波特率设置较难达到一致，这是由于不同机种的波特率产生的方式不同，计算公式也不同，只能产生有限的离散的波特率值，即波特率值是非连续的。这时的设计原则应使两个通信设备之间的波特率误差小于 2.5%。例如在 PC 与单片机进行通信时，常选择单片机晶振频率为 11.0592MHz，两者容易匹配波特率。

常用的串行接口波特率、晶振频率与定时器（T1）的参数关系见表6-4。

表6-4　常用的串行接口波特率、晶振频率与定时器（T1）的参数关系

串行口工作方式及 波特率（bit/s）	f_{osc}/MHz	SMOD	定时器（T1）		
			C/$\overline{T}$	方式	初始值
方式0 最大：1M	12	×	×	×	×
方式2 最大：375k	12	1	×	×	×
方式1、3：62.5k	12	1	0	2	FFH
19.2k	11.0592	1	0	2	FDH
9600	12	1	0	2	F9H
4800	12	1	0	2	F3H
2400	12	0	0	2	F3H
1200	12	1	0	2	F6H
9600	11.0592	0	0	2	FDH
4800	11.0592	0	0	2	FAH
2400	11.0592	0	0	2	F4H
1200	11.0592	0	0	2	E8H

任务6.2　单片机串口接收PC发送的数据

1. 工作任务描述

PC发送数据，单片机接收数据，将数据通过数码管显示。

2. 工作任务分析

该任务要实现单片机接收从PC发送过来的数据，与任务1不同的是单片机由发送方变成了接收方。异步串行通信要注意波特率的匹配。

3. 工作步骤

步骤一：设计串行通信接口电路和数码管显示原理图。

步骤二：打开集成开发环境，建立一个新的工程。

步骤三：编写程序，编译生成目标文件。

步骤四：下载调试，利用串行调试助手发送一组数据，看单片机能否正常接收显示。

4. 工作任务设计方案及实施

串口通信接口电路原理如图6-1所示，数码管驱动电路如图2-1所示。

程序示例如下：

```
#include <REGX51.H>

#define uchar unsigned char
#define uint unsigned int
#define weixuan P0
```

```c
sbit sck = P2^7;//移位时钟
sbit tck = P2^6;//锁存时钟
sbit data1 = P2^5;//串行数据输入
void init_serial()
{
    SCON = 0X50;//设置串口工作方式1,允许接收
    TMOD = 0X20;//T1方式2作为波特率发生器
    TH1 = 0xf4;//波特率为2400
    EA = 1;//开总中断
    ES = 1;//开串行接口终端
    TR1 = 1;//启动定时器T1
}
void send(uchar data8)//通过74HC595将段选数据发送到数码管
{
    uchar i;//设置循环变量
    sck = 1;
    tck = 1;
    for(i = 0;i < =7;i + +)
    {
        if((data8 > >i)&0x01)
        data1 = 1;
        else
        data1 = 0;
        sck = 0;
        sck = 1;//移位脉冲
    }
    tck = 0;
    tck = 1;//锁存脉冲
}
void main()
{
    init_serial();//串口初始化
    weixuan = 0;
    while(1);
}
//串行接口中断子程序
void serial() interrupt 4
{
    uchar buf;
    ES = 0;
    TR1 = 0;
    RI = 0;
    buf = SBUF;
```

```
        send(buf);
        TR1 = 1;
        ES = 1;
    }
```

● **问题及知识点引入**

◇ 了解 RS-232C 串行通信接口标准。

◇ 接口电路的设计方式及电气特性。

除了满足约定的波特率、工作方式和特殊功能寄存器的设定外，串行通信双方必须采用相同的接口标准，才能进行正常的通信。由于不同设备串行接口的信号线定义、电器规格等特性都不尽相同，因此要使这些设备能够互相连接，需要统一的串行通信接口。下面介绍常用的 RS-232C 串行通信接口标准。

RS-232C 串行通信接口标准的全称是 EIA-RS-232C 标准，其中，EIA（Electronic Industry Association）代表美国电子工业协会，RS（Recommended Standard）代表 EIA 的"推荐标准"，232 为标识号。

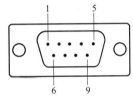

RS-232C 定义了数据终端设备（DTE）与数据通信设备（DCE）之间的物理接口标准。接口标准包括引脚定义、电气特性和电平转换几方面的内容。

图 6-9 PC 串口 DB-9 引脚

1. 引脚定义

RS-232C 接口规定使用 25 针"D"形口连接器，连接器的尺寸及每个插针的排列位置都有明确的定义。在微型计算机通信中，常常使用的有 9 根信号引脚，所以常用 9 针"D"形口连接器替代 25 针连接器。PC 串口 DB-9 引脚如图 6-9 所示，其引脚说明见表 6-5。

表 6-5 DB-9 引脚说明

引脚编号	信号名	描　　述	I/O
1	CD	载波检测	In
2	RD	接收数据	In
3	TD	发送数据	Out
4	DTR	数据终端就绪	Out
5	SG	信号地	
6	DSR	数据设备就绪	In
7	RTS	请求发送	Out
8	CTS	允许发送	In
9	RI	振铃指示器	In

2. 电气特性

RS-232C 采用负逻辑电平，规定 DC −15～−3V 为逻辑 1，DC +3～15V 为逻辑 0。通常 RS-232C 的信号传输最大距离为 30m，最高传输速率为 20kbit/s。

RS-232C 的逻辑电平与通常的 TTL 和 MOS 电平不兼容，为了实现与 TTL 或 MOS 电路的连接，要外加电平转换电路。

3. RS-232C 电平与 TTL 电平转换驱动电路

如上所述，51 单片机串行接口与 PC 的 RS-232C 接口不能直接对接，必须进行电平转换。常见的 TTL 到 RS-232C 的电平转换器有 MC1488、MC1489 和 MAX 202/232/232A 等芯片。

由于单片机系统中一般只用 +5V 电源，MC1488、MC1489 需要双电源供电（±12V），增加了体积和成本。生产商推出了芯片内部具有自升压电平转换电路，可在单 +5V 电源下工作的接口芯片 MAX232，如图 6-10 所示。MAX232 能满足 RS-232C 的电气规范，内置电子泵电压转换器将 +5V 转换成 −10 ~ +10V，该芯片与 TTL/CMOS 电平兼容，片内有两个发送器，两个接收器，在单片机应用系统中得到了广泛使用。

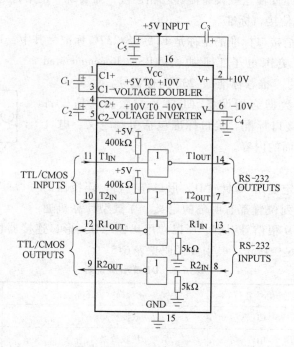

图 6-10　接口芯片 MAX232

任务 6.3　两个单片机之间的串行通信

1. 工作任务描述

利用单片机 a 将一段流水灯控制程序发送到单片机 b，利用 b 来控制其 P1 口点亮 8 位 LED。

2. 工作任务分析

前两个任务分别实现了单片机与 PC 之间数据的发送和接收，本任务主要是实现单片机之间的双机通信。

3. 工作步骤

步骤一：设计双机通信的硬件原理图。

步骤二：打开集成开发环境，建立一个新的工程。

步骤三：编写程序，编译生成目标文件。

步骤四：下载调试。

4. 工作任务设计方案及实施

双机通信的硬件原理如图6-11所示。

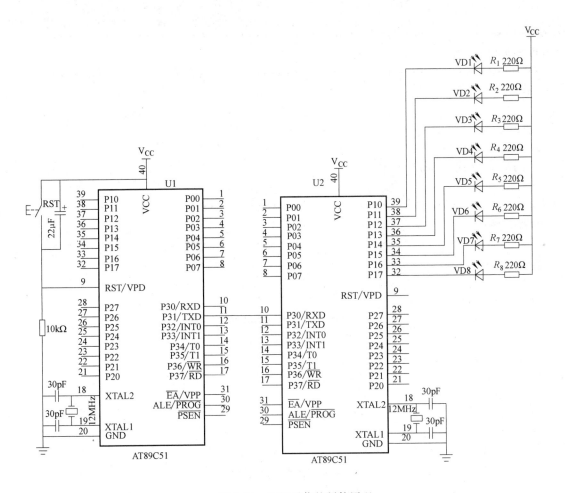

图6-11　双机通信的硬件原理

（1）案例分析。a 完成发送，b 完成接收。编程设置 a，令 SM0 = 0，SM1 = 1；设置 b，令 SM0 = 0，SM1 = 1，REN = 1，使允许接收。

（2）源程序。

1）数据发送程序。

```
#include < reg51.h >                    //包含单片机寄存器的头文件
unsigned char code Tab[ ] = {0xFE,0xFD,0xFB,0xF7,0xEF,0xDF,0xBF,0x7F};
                            //流水灯控制码,该数组被定义为全局变量
/************************************************************
函数功能:发送一个字节数据
**********************************************************/
```

```
void Send(unsigned char dat)
{
    SBUF = dat;                 //将待发送数据写入发送缓存器中
    while(TI = =0)              //若发送中断标志位没有置"1"(正在发送)则等待
        ;                       //空操作
    TI = 0;                     //将 TI 清 0
}
/*********************************************************************
函数功能:延时约 150ms
*********************************************************************/
void delay(void)
{
    unsigned char m,n;
    for(m = 0;m < 200;m + +)
        for(n = 0;n < 250;n + +);
}
/*********************************************************************
函数功能:主函数
*********************************************************************/
void main(void)
{
    unsigned char i;
    TMOD = 0x20;                //定时器 T1 工作于方式 2
    SCON = 0x40;                //串口工作方式 1
    PCON = 0x00;
    TH1 = 0xf4;                 //波特率为 2400bit/s
    TL1 = 0xf4;
    TR1 = 1;                    //启动定时器 T1
    while(1)
    {
        for(i = 0;i < 8;i + +)      //一共 8 位流水灯控制码
        {
            Send(Tab[i]);       //发送数据 i
            delay();            //每 150ms 发送一次数据(等待 150ms 后再发送一次数据)
        }
    }
}
```

2) 数据接收程序。

```
#include < reg51.h >            //包含单片机寄存器的头文件
/*********************************************************
函数功能:接收一个字节数据
*********************************************************/
unsigned char Receive(void)
```

```
{
    unsigned char dat;
    while(RI ==0)                    //只要接收中断标志位 RI 没被置"1"就等待,直至接收完毕
        ;                            //空操作
    RI = 0;                          //为了接收下一帧数据,需用软件将 RI 清 0
    dat = SBUF;                      //将接收缓存器中的数据存于 dat
    return dat;                      //将接收到的数据返回
}
/*******************************************************************
函数功能:主函数
*******************************************************************/
void main(void)
{
    TMOD = 0x20;                     //定时器 T1 工作于方式 2
    SCON = 0x50;                     //串口工作方式 1
    PCON = 0x00;
    TH1 = 0xf4;                      //波特率为 2400bit/s
    TL1 = 0xf4;
    TR1 = 1;                         //启动定时器 T1
    REN = 1;                         //允许接收
    while(1)
    {
        P1 = Receive();              //将接收到的数据送 P1 口显示
    }
}
```

项目7 数据采集系统设计

数据采集在单片机应用系统中应用非常广泛，例如温度测量、压力测量等。单片机将外部传感器的模拟量经过信号调理、放大，再经过 A-D 转换为数字量，交由单片机来处理。本项目主要包含两个新知识点的学习：串口通信和 A-D 转换。本项目将分解成几个任务，引导学生学会使用单片机的串行通信方式以及利用单片机驱动外部 A-D 转换芯片。

● **项目目标与要求**

◇ 掌握 A-D 转换器的工作原理
◇ 了解 TLC549 的基本特性，掌握其驱动方法
◇ 复习数码显示、串口通信等技能的应用

● **项目工作任务**

◇ 通过分解任务完成对新知识点的学习
◇ 设计的电路原理图
◇ 建立软件开发环境，编写控制程序，并编译生成目标文件
◇ 下载到开发板，调试通过

任务7.1 带显示的数据采集系统设计

1. 工作任务描述

利用 TLC549 对可变电阻的电压值进行采样，读取采样值并通过数码管显示出来。

2. 工作任务分析

TLC549（TLC548）是 TI 公司生产的一种低价位、高性能的 8 位 A-D 转换器，它以 8 位开关电容逐次逼近的方法实现 A-D 转换，其转换速度小于 $17\mu s$，能方便地采用三线串行接口方式与各种微处理器连接，构成各种廉价的测控应用系统。本任务用可变电阻电压作为要采集的模拟量的输入，将采样的数据送到数码管显示，数码管已经用到多次，这里直接调用即可。本任务主要是引导学生编写驱动 TLC549 工作的驱动程序。

3. 工作步骤

步骤一：设计 TLC549 与单片机相连的硬件原理图。
步骤二：打开集成开发环境，建立一个新的工程。
步骤三：编写程序，编译生成目标文件。

步骤四：下载调试。

4. 工作任务设计方案及实施

TLC549 与单片机相连的硬件原理如图 7-1。程序示例如下：

```
/ * * * * * * * * * * * * * * * * * * * * * * * * * *
功能:TLC549 A-D 采样
说明:从 TLC549 中读取采样值
* * * * * * * * * * * * * * * * * * * * * * * * * */
#include < reg52. h >      //包含头文件
#include < intrins. h >

#define uchar unsigned char
```

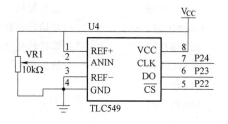

图 7-1　TLC549 与单片机相连的硬件原理

```
//###############################################
//共阴极数码管显示代码:
uchar code seg[16] = {0x3f,0x06,0x5b,0x4f,  //0,1,2,3,
                      0x66,0x6d,0x7d,0x07,  //4,5,6,7,
                      0x7f,0x6f,0x77,0x7c,  //8,9,A,B,
                      0x39,0x5e,0x79,0x71};  //C,D,E,F
sbit P00 = P0^0;
sbit P01 = P0^1;


//定义 74HC595 端口号
sbit SCK_HC595 = P2^7;       //11 移位寄存器时钟输入
sbit RCK_HC595 = P2^6;       //12 存储寄存器时钟输入
sbit DA_HC595 = P2^5;        //14 串行数据输入


//定义 TLC549 端口号
sbit CLOCK_TLC549 = P2^4;    //时钟线
sbit OUTDA_TLC549 = P2^3;    //数据输出口线
sbit CS_TLC549 = P2^2;       //片选端


//TLC549 转换等待时间
void flash()
{
_nop_();
_nop_();
}
//延时函数
void delay(uchar i)
{
  while(i > 0) i--;
}
```

```
uchar write_HC549(void)
{
    uchar convalue = 0;
    uchar i;
    CS_TLC549 = 1;              //芯片复位
    CS_TLC549 = 0;              //开始转换数据
    delay(12);                  //等待转换结束
    CS_TLC549 = 0;              //读取转换结果
    flash();
    for(i = 0;i < 8;i + +)
        {
        CLOCK_TLC549 = 1;
        flash();
        if(OUTDA_TLC549)
        convalue | = 0x01;
        convalue < < = 1;
        CLOCK_TLC549 = 0;
        flash();
        }
    CS_TLC549 = 1;              //再次启动 A-D 转换
    CLOCK_TLC549 = 1;
    return(convalue);           //返回转换结果
}
/*************************************************************
//名称:wr595()向 74HC595 发送一个字节的数据
//功能:向 74HC595 发送一个字节的数据(先发高位)
*************************************************************/
void write_HC595(uchar wrdat)
{
    uchar i;
    SCK_HC595 = 0;
    RCK_HC595 = 0;
    for(i = 8;i > 0;i--)                //循环 8 次,写一个字节
        {
        DA_HC595 = wrdat&0x80;      //发送 BIT0 位
        wrdat < < = 1;              //要发送的数据左移,准备发送下一位
        SCK_HC595 = 0;
        _nop_();
        _nop_();
        SCK_HC595 = 1;             //移位时钟上升沿
        _nop_();
        _nop_();
        SCK_HC595 = 0;
```

```
        }
    RCK_HC595 = 0;          //上升沿将数据送到输出锁存器
    _nop_();
    _nop_();
    RCK_HC595 = 1;
    _nop_();
    _nop_();
    RCK_HC595 = 0;
}
/***************************************************************
函数名称:数码管显示子函数
功能:A-D转换后的数据将在数码管上显示出来
***************************************************************/
void display_HC595(uchar da)
{
    uchar al,ah;
    al = seg[da&0x0f];           //取显示个位
    write_HC595(al);
    P01 = 0;                     //个位使能
    delay(100);                  //延时时间决定亮度
    P01 = 1;
    ah = seg[(da>>4)&0x0f];      //取显示十位
    write_HC595(ah);
    P00 = 0;                     //十位使能
    delay(100);
    P00 = 1;
}
//主函数
void main(void)
{
uchar reg;                       //定义变量暂存器
while(1)
    {
    reg = write_HC549();
    delay(50);                   //前一次转换,再次启动时不少于17μs
    display_HC595(reg);
    }
}
```

● 问题及知识点引入

  ◇ TLC549 的主要电气特性

  ◇ TLC549 的引脚分布和说明

◇ TLC549 的转换过程与工作时序

7.1.1 TLC549 的主要特性

◇ 8 位分辨率 A-D 转换器，总不可调整误差 ≤ ±0.5LSB。

◇ 采用三线串行方式与微处理器相连。

◇ 片内提供 4MHz 内部系统时钟，并与操作控制用的外部 I/O CLOCK 相互独立。

◇ 有片内采样保持电路，转换时间 ≤ 17μs，包括存取与转换时间转换速率达 40000 次/秒。

◇ 差分高阻抗基准电压输入，其范围是：1V ≤ 差分基准电压 ≤ V_{CC} +0.2V。

◇ 电源范围宽，功耗低。电压范围为 3 ~ 6.5V；当片选信号$\overline{CS}$为低电平，芯片选中处于工作状态时，功耗非常低。

7.1.2 内部结构和引脚

TLC549 芯片包含内部系统时钟、采样和保持电路、8 位 A-D 转换电路、输出数据寄存器以及控制逻辑电路，它采用$\overline{CS}$、I/O CLOCK 和 DATAOUT 3 根线实现与微控制器（MCU）或微处理器（CPU）进行串行通信，其中$\overline{CS}$和 I/O CLOCK 作为输入控制，芯片选择端$\overline{CS}$低电平有效，当$\overline{CS}$为高电平时 I/O CLOCK 输入被禁止，且 DATA OUT 输出处于高阻状态。

图 7-2 是 DIP 封装的 TLC549 引脚结构。

TLC549 各引脚功能如下：

（1）REF +：正基准电压输入端，2.5V ≤ REF + ≤ V_{CC} +0.1。

（2）REF −：负基准电压输入端，−0.1V ≤ REF − ≤ 2.5V，且要求 REF + − REF − ≥ 1V。

由以上两项可以看出，TLC549 可以使用差分基准电压，这是该芯片的重要特性，利用这个特性

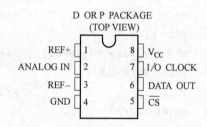

图 7-2 DIP 封装的 TLC549 引脚结构

TLC549 可能测量到的最小量值达 1000mV/256，也就是说 0 ~ 1V 信号不经放大也可以得到 8 位的分辨率，因此可以简化电路、节省成本。

（3）ANALOG IN：模拟信号输入端，0 ≤ ANALOG IN ≤ V_{CC}，当 ANALOG IN ≥ REF + 电压时，转换结果为全"1"（FFH），ANALOG IN ≤ REF − 电压时，转换结果为全"0"（00H）。

（4）GND：接地线。

（5）$\overline{CS}$：芯片选择输入端，要求输入高电平 ≥ 2V，输入低电平 ≤ 0.8V。

（6）DATA OUT：转换结果数据串行输出端，与 TTL 电平兼容，输出时高位在前，低位在后。

（7）I/O CLOCK：外接输入/输出时钟输入端，不同于同步芯片的输入输出操作，无需与芯片内部系统时钟同步。

（8）V_{CC}：系统电源 3V ≤ V_{CC} ≤ 6V。

7.1.3 TLC549 的工作时序

TLC549 工作时序如图 7-3 所示。

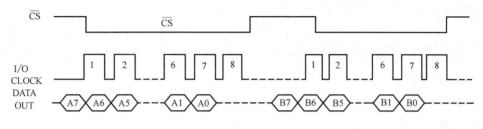

图 7-3 TLC549 的工作时序

图中，当$\overline{CS}$变为低电平后，TLC549 芯片被选中，同时前次转换结果的最高有效位 MSB（A7）自 DATA OUT 端输出，然后 I/O CLOCK 端输入 8 个外部时钟信号中的前 7 个信号的作用，配合 TLC549 输出前次转换结果的 A6~A0 这 7 位，并为本次转换做准备。在第 4 个 I/O CLOCK 信号由高至低的跳变之后，片内采样/保持电路对输入模拟量采样开始，第 8 个 I/O CLOCK 信号的下降沿使片内采样/保持电路进入保持状态并启动 A-D 转换器开始转换。转换时间为 36 个系统时钟周期，最大为 17μs。直到 A-D 转换完成前的这段时间内，TLC549 的控制逻辑要求为：或者$\overline{CS}$保持高电平，或者 I/O CLOCK 时钟端保持 36 个系统时钟周期的低电平。

由此可见，在 TLC549 的 I/O CLOCK 端输入 8 个外部时钟信号期间需要完成以下工作：读入前次 A-D 转换结果；对本次转换的输入模拟信号采样并保持；启动本次 A-D 转换。

任务7.2 带上位机通信功能的数据采集系统设计

1. 工作任务描述

利用 TLC549 对可变电阻的电压值进行采样，将采集数据传送到上位机。

2. 工作任务分析

本任务将完成一个带上位机通信功能的数据采集系统设计，通过任务引导学生能够将所学零散的技能综合应用起来。

3. 工作步骤

步骤一：设计采集系统的硬件原理图。

步骤二：打开集成开发环境上，建立一个新的工程。

步骤三：编写程序，编译生成目标文件。

步骤四：下载调试。

4. 工作任务设计方案及实施

程序示例如下：

```
#include <REGX51.H>
#include <intrins.h>
#define uchar unsigned char
```

```
#define uint unsigned int

sbit TLC549_CLK = P2^4;//定义 TLC549 时钟端口
sbit TLC549_DATAOUT = P2^3;//定义 TLC549 数据输出
sbit TLC549_CS = P2^2;//定义 TLC549 片选


void delay();

sbit key1 = P1^5;
//初始化程序
void init_serial()
{
        SCON = 0x50;//串行接口工作方式 1,允许接收
        TMOD = 0X20;//定时器 1,方式 2
        TH1 = 0XF4;//晶振 12MHz,波特率 2400bit/s
        EA = 1;//开总中断
        ES = 1;//开串行接口中断
        TR1 = 1;//启动定时器
}
//延时子程序
void delay1(uint num)
{
        uchar i;
        for(i = 0;i < num;i + +)
        _nop_();
}
void delay_ms(uint tms)
{
        while(tms--)
        {
                uchar t;
                for(t = 100;t > 0;t--)
                _nop_();
        }
}


uchar TLC549_ADC()
{
        uchar i,tmp;
        TLC549_CS = 1;
        TLC549_CS = 0;
        _nop_();
        _nop_();
```

```
        for(i=0;i<8;i++)//串行数据移位输入
        {
                tmp=tmp<<1;
                tmp|=TLC549_DATAOUT;
                TLC549_CLK=0;
                //_nop_();
                TLC549_CLK=1;


        }
        //TLC549_CLK=0;
        TLC549_CS=1;
        delay1(17);
        return tmp;



}


void main()
{
        unsigned re;
        SCON=0X50;              //设置串行接口工作方式1
        TMOD=0X20;              //设定定时器T1工作在方式2,定时模式
                               //作为波特率发生器
        TH1=TL1=0XF4;          //设定波特率为2400bit/s
        EA=1;
        ES=1;
        TR1=1;
        while(1)
        {


                        re=TLC549_ADC();
                        SBUF=re;
                        delay();
        }


}


void ser() interrupt 4
{

        RI=0;
```

}

任务 7.3　多功能数据采集系统设计

1. 工作任务描述

调节电位器代替模拟量变化，通过 A-D 转换将数值在数码管上显示出来。同时利用 RS-232 将数据传送到 PC 上，利用串行调试助手查看转换值。

2. 工作任务分析

本任务是对任务 1 和任务 2 的综合应用，学生在教师的引导下完成前两个任务后，可以独立完成该任务。

3. 工作步骤

步骤一：设计采集系统的硬件原理图。

步骤二：打开集成开发环境上，建立一个新的工程。

步骤三：编写程序，编译生成目标文件。

步骤四：下载调试。

4. 工作任务设计方案及实施

```
/***********************************************************
名称:数据采集系统
*********************************************************** /
#include < intrins. h >
#define uchar unsigned char
#define uint unsigned int

void send_data();          //发送函数
uchar temp;                //定义变量
//###########################################
//共阴极数码管显示代码:
uchar code seg[16] = {0x3f,0x06,0x5b,0x4f,      //0,1,2,3,
                      0x66,0x6d,0x7d,0x07,      //4,5,6,7,
                      0x7f,0x6f,0x77,0x7c,      //8,9,A,B,
                      0x39,0x5e,0x79,0x71};     //C,D,E,F
sbit P00 = P0^0;
sbit P01 = P0^1;

//定义 74HC595 端口号
sbit SCK_HC595 = P2^7;     //11 移位寄存器时钟输入
sbit RCK_HC595 = P2^6;     //12 存储寄存器时钟输入
sbit DA_HC595 = P2^5;      //14 串行数据输入

//定义 TLC549 端口号
```

```
sbit CLOCK_TLC549 = P2^4;  //时钟线
sbit OUTDA_TLC549 = P2^3;  //数据输出口线
sbit CS_TLC549 = P2^2;     //片选端

void flash()//TLC549 转换等待时间
{
    _nop_();
    _nop_();
}
void delay(uchar i) //延时函数
{
    while(i > 0) i--;
}
//####################################################
uchar write_HC549(void)//TLC549 A-D 采样
{
    uchar i,j,Vdata;
    Vdata = 0;                  //初始化采样数值
    CS_TLC549 = 1;              //初始化片选
    CLOCK_TLC549 = 0;
    delay(10);
    CS_TLC549 = 0;             //CS变低电平,片选有效,启动 TLC549
    delay(5);
    for(i = 0;i < 8;i + +)     //前 8 个 CLOCK
    {
        CLOCK_TLC549 = 1;
        CLOCK_TLC549 = 0;
    }
    delay(5);
    for(j = 8;j > 0;j--)//存储 8 位数据 (A-D 转换周期在CS变低电平后的第 8 个 CLOCK 下降沿)
    {
        CLOCK_TLC549 = 1;
        Vdata = Vdata < <1;
        if(OUTDA_TLC549)
            Vdata = Vdata |0x01;     //Vdata 为 1 时保存
        CLOCK_TLC549 = 0;
    }
    CS_TLC549 = 1;               //关闭 TLC549
    CLOCK_TLC549 = 1;
    return(Vdata);               //返回采样值
}
//####################################################
void write_HC595(uchar wrdat) 向 74HC595 发送一个字节的数据
```

```
{
    uchar i;
    SCK_HC595 = 0;
    RCK_HC595 = 0;
    for(i = 8;i > 0;i--)        //循环 8 次,写一个字节
    {
    DA_HC595 = wrdat&0x80;      //发送 BIT0 位
    wrdat < < =1;        //要发送的数据右移,准备发送下一位
    SCK_HC595 = 0;
    _nop_();
    _nop_();
    SCK_HC595 = 1;                      //移位时钟上升沿
    _nop_();
    _nop_();
    SCK_HC595 = 0;
    }
    RCK_HC595 = 0;                      //上升沿将数据送到输出锁存器
    _nop_();
    _nop_();
    RCK_HC595 = 1;
    _nop_();
    _nop_();
    RCK_HC595 = 0;
}
/*************************************************************
函数名称:数码管显示子函数
功能:A-D 转换后的数据将在数码管上显示出来
************************************************************* /
void display_HC595(uchar da)
{
    uchar al,ah,bl,bh;
    bl = da% 16;
    al = seg[bl];//取显示个位
    write_HC595(al);
    P01 = 0;        //个位使能
    delay(130);        //延时时间决定亮度
    P01 = 1;
    bh = da/16;
    ah = seg[bh];//取显示十位
    write_HC595(ah);
    P00 = 0;        //十位使能
    delay(150);
    P00 = 1;
}
```

```
//#####################################################
void send_data(uchar m)
{
    SBUF = m;        //发送字符
    while(! TI);         //等待数据传送
    TI = 0;      //清除数据传送标志
}
//#####################################################
void main(void) //主函数
{
    uchar reg,t;    //定义变量暂存器
    SCON = 0x50;      //设定串行接口工作方式1
    TMOD = 0x20;       //定时器1,自动重载,产生数据传输率
    TH1 = 0xFD;       //数据传输率为9600bit/s
    TL1 = 0xFD;       //数据传输率为9600bit/s
    TR1 = 1;         // 启动定时器1
    while(1)
    {
        reg = write_HC549();
        delay(50);      //前一次转换,再次启动时不少于17μs
        for(t = 0;t < 6;t + +)
        {
            display_HC595(reg);
        }
        send_data(reg);      //调用发送字符串函数
    }
}
```

项目8 点阵显示系统设计

点阵显示屏是通过 PC 将要显示的汉字字模提取出来，并发给单片机，然后显示在点阵屏上，主要适用于室内外大屏幕显示。点阵显示屏按照显示的内容可以分为图文显示屏、图像显示屏和视频显示屏。这三者有一些区别，但它们最基础的显示控制原理都是相似的。本项目主要包含两个新知识点的学习：点阵显示原理和矩阵按键的使用。项目将分解成几个任务，引导学生掌握点阵显示和矩阵键盘的具体应用。

● **项目目标与要求**

　　◇ 掌握点阵显示的驱动方法
　　◇ 掌握 4×4 矩阵按键的扫描方式
　　◇ 掌握点阵屏的硬件连接电路
　　◇ 掌握矩阵键盘的硬件电路设计

● **项目工作任务**

　　◇ 分解项目，通过分解任务完成对新知识点的学习
　　◇ 设计的电路原理图
　　◇ 建立软件开发环境，编写控制程序，并编译生成目标文件
　　◇ 下载到开发板，调试通过

任务8.1　点阵显示模块的应用

1. 工作任务描述

在点阵屏上实现循环显示数字 0~9。

2. 工作任务分析

将要显示的数字码提取出来，通过 74HC595 发送，74HC595 的驱动程序前面已经用到，这里不再详述。

3. 工作步骤

步骤一：设计点阵显示的硬件原理图。

步骤二：打开集成开发环境，建立一个新的工程。

步骤三：编写程序，编译生成目标文件。

步骤四：下载调试。

4. 工作任务设计方案及实施

点阵显示原理如图 8-1 所示。

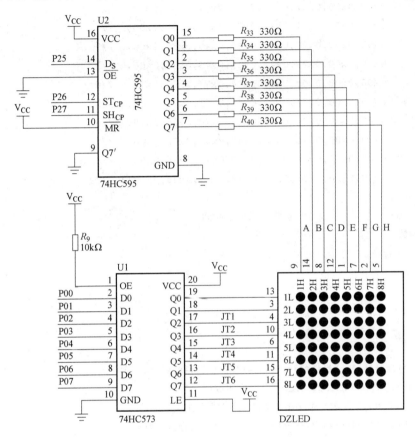

图 8-1 点阵显示原理

程序示例：

```
/*********************************************************************
**
//程序名称:8×8点阵显示0~9
//程序功能:让8×8点阵显示 LED_88seg[8]中的内容
//程序说明:使用时改变 display_7leds[8]中的内容,调用 wr595()函数即可
          其中本程序使用到了 AT89S52 的定时器2
 *********************************************************************
*/
#include < reg52. h >
#include < intrins. h >
#define uchar unsigned char
//############管脚定义#####################
sbit sclk = P2^7;       //74HC595 移位时钟信号输入端(11)
sbit st = P2^6;         //74HC595 锁存信号输入端(12)
sbit da = P2^5;         //74HC595 数据信号输入端(14)
```

```
//要显示的数据代码
uchar code led_88seg[80] = {
        0x00,0x00,0x3e,0x41,0x41,0x41,0x3e,0x00,
        0x00,0x00,0x01,0x21,0x7f,0x01,0x01,0x00,    //1
        0x00,0x00,0x27,0x45,0x45,0x45,0x39,0x00,    //2
        0x00,0x00,0x22,0x49,0x49,0x49,0x36,0x00,    //3
        0x00,0x00,0x0c,0x14,0x24,0x7f,0x04,0x00,    //4
        0x00,0x00,0x72,0x51,0x51,0x51,0x4e,0x00,    //5
        0x00,0x00,0x3e,0x49,0x49,0x49,0x26,0x00,    //6
        0x00,0x00,0x40,0x40,0x40,0x4f,0x70,0x00,    //7
        0x00,0x00,0x36,0x49,0x49,0x49,0x36,0x00,    //8
        0x00,0x00,0x32,0x49,0x49,0x49,0x3e,0x00};   //9
uchar i = 0;
uchar t = 0;                    //点阵显示函数时间
//延时函数
void delay(uchar i)
{
uchar j;
for(;i > 0;i--)
    for(j = 0;j < 125;j + +) { ; }
}
//####################################################
//名称:wr595()向 74HC595 发送一个字节的数据
//功能:向 74HC595 发送一个字节的数据(先发低位)
//####################################################
void wr595(uchar wrdat)
{
    uchar i;
    sclk = 0;
    st = 0;
    for(i = 8;i > 0;i--)             //循环 8 次,写一个字节
    {
    da = wrdat&0x01;             //发送 BIT0 位
    wrdat > > = 1;                //要发送的数据右移,准备发送下一位
    sclk = 0;                    //移位时钟上升沿
    _nop_();
    _nop_();
    sclk = 1;
    _nop_();
    _nop_();
    sclk = 0;
    }
    st = 0;                      //上升沿将数据送到输出锁存器
```

```
    _nop_();
    _nop_();
    st = 1;
    _nop_();
    _nop_();
    st = 0;
}


//主函数
void main(void)
{
    uchar j;
    uchar wx;                //位选信号控制
    RCAP2H = 0x3c;           //定时器2赋初值
    RCAP2L = 0xb0;
    EA = 1;                  //开总中断
    ET2 = 1;                 //开定时器2中断
    TR2 = 1;                 //启动定时器2
    while(1)
    {
        wx = 0x01;
        for(j = i; j < i + 8; j + +)
        {
            wr595(led_88seg[j]);
            P0 = ~ wx;
            delay(2);
            wx < < = 1;
        }
    }
}
//定时器中断2服务子函数
void timer2() interrupt 5
{
TF2 = 0;
    t + +;
    if(t = = 20)
    {
    t = 0;
    i + = 8;                //显示下一列的段码值
    if(i = = 80)    i = 0;
    }
}
```

● 问题及知识点引入

◇ 点阵模块的基本结构?
◇ 点阵的电气特性与连线方式

8.1.1　点阵的基础知识

本节以 8×8 点阵为例作说明，8×8 点阵共由 64 个发光二极管组成，且每个发光二极管都放置在行线和列线的交叉点上。行业上也通常把点阵分成共阳极和共阴极之分，而事实上单色点阵本无所谓共阳还是共阴，市场上对 8×8 点阵 LED 所谓的共阳还是共阴的分类一般是根据点阵第一个引脚的极性所定义的，第一个引脚为阳极则为共阳，反之则为共阴，即人们所说的行共阴或者行共阳。共阴极、共阳极点阵结构如图 8-2 所示。

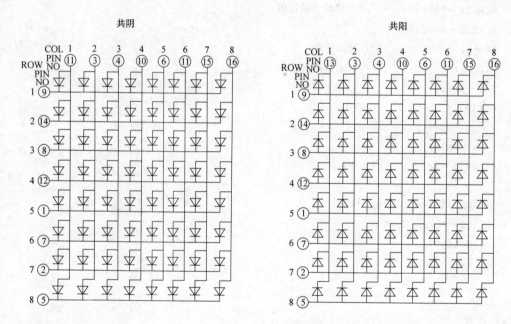

图 8-2　共阴极、共阳极点阵结构

如果不能确定的话，可以同万用表测量确定，方法如下：

首先确定正负极，把万用表拔到电阻档 ×10，先用黑色探针（输出高电平）随意选择一个引脚，红色探针碰余下的引脚，看点阵有没发光，没发光就用黑色探针再选择一个引脚，红色探针碰余下的引脚，当点阵发光，则这时黑色探针接触的那个引脚为正极，红色探针碰到就发光的 7 个引脚为负极，剩下的 6 个引脚为正极。

然后确定引脚编号，先把器件的引脚正负分布情况记下来，正极（行）用数字表示，负极（列）用字母表示，再定负极引脚编号，黑色探针选定一个正极引脚，红色点负极引脚，看是第几列的二极管发光，第一列就在引脚写 A，第二列就在引脚写 B，第三列……以此类推。这样点阵的一半引脚都编号了。剩下的正极引脚用同样的方法，第一行的发光就在引脚标 1，第二行的发光就在引脚标 2，第三行……以此类推。

8.1.2 点阵的电气特性及连线方法

8×8 共阳极 LED 点阵显示模块，单点的工作电压为正向，正向电压 $V_f = 1.8\text{V}$，正向电流 $I_f = 8 \sim 10\text{mA}$。静态点亮器件时（64 点全亮）总电流为 640mA，总电压为 1.8V，总功率为 1.15W。动态时取决于扫描频率（1/8 或 1/16s），单点瞬间电流可达 $80 \sim 160\text{mA}$（16× 16 点阵静态时可达 $16 \times 16 \times 10\text{mA}$，动态时单点瞬间电流可达 $80 \sim 160\text{mA}$）。

8×8LED 连接方式如图 8-3 所示。当某一行线为高时，若某一列线为低，其行列交叉的点被点亮；若某一列线为高，其行列交叉的点为暗；当某一行线为低时，无论列线为高还是为低，对应的这一行的点全部为暗。

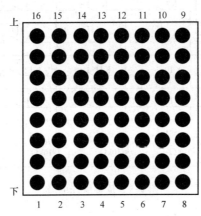

1	控制第五行显示	接高		9	控制第一行显示	接高
2	控制第七行显示	接高		10	控制第四列显示	接低
3	控制第二列显示	接低		11	控制第六列显示	接低
4	控制第三列显示	接低		12	控制第四行显示	接高
5	控制第八行显示	接高		13	控制第一列显示	接低
6	控制第五列显示	接低		14	控制第二行显示	接高
7	控制第六行显示	接高		15	控制第七列显示	接低
8	控制第三行显示	接高		16	控制第八列显示	接低

图 8-3 8×8LED 连接方式

任务8.2 矩阵按键的应用

1. 工作任务描述

编写程序把 4×4 矩阵键盘的键值利用数码管显示出来。

2. 工作任务分析

在项目 2 中介绍了独立按键的使用，独立式按键电路配置灵活，硬件结构简单，但每个按键必须占有一根 I/O 口线，在按键数量较多时，会对 I/O 口资源造成较大浪费。因此对于使用按键较多的场合通常会使用行列矩阵式按键，本任务以 4×4 矩阵按键为例介绍矩阵按键的使用方法，通过键盘扫描获取键盘的键值，然后再通过 74HC595 发送到数码管上显示出来。

3. 工作步骤

步骤一：设计 4×4 矩阵按键的硬件原理图。

步骤二：打开集成开发环境上，建立一个新的工程。

步骤三：编写程序，编译生成目标文件。

步骤四：下载调试。

4. 工作任务设计方案及实施

按键硬件电路如图 8-4 所示。数码管显示电路如图 2-1 所示。

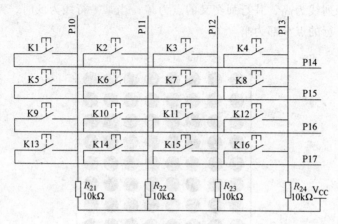

图 8-4　按键硬件电路

程序示例：

```c
#include < reg51.h >              //包含头文件
#include < intrins.h >
#define uchar unsigned char
//74HC595 与单片机连接口
sbit sclk = P2^7;          //74HC595 移位时钟信号输入端(11)
sbit st = P2^6;            //74HC595 锁存信号输入端(12)
sbit da = P2^5;            //74HC595 数据信号输入端(14)
//##########################################
//共阴极数码管显示代码
uchar code led_7seg[17] = {
                 0x3f,0x06,0x5b,0x4f,             //0 1 2 3
                 0x66,0x6d,0x7d,0x07,             //4 5 6 7
                 0x7f,0x6f,0x77,0x7c,             //8 9 A b
                 0x39,0x5e,0x79,0x71,0x76};       //C,d,E,F,H
//子函数声明
uchar keyscan();               //键盘扫描子函数
void delay_jp(uchar i);        //延时子函数
void display_jp(uchar key);    //显示子函数

uchar hang;                    //定义行号
uchar lie;                     //定义列号
```

```
//延时子函数
void delay_jp(uchar i)
{
uchar j;
for(;i>0;i--)
    for(j=0;j<125;j++)
        {;}
}
//键盘扫描子函数
uchar scankey()
{
 P1=0xf0;                        //列输出全为0
 if((P1&0xf0)!=0xf0)             //扫描行,如果不全为0则进入
 {
  switch(P1)                     //获得行号
  {
   case 0x70:   hang=1;  break;
   case 0xb0:   hang=2;  break;
   case 0xd0:   hang=3;  break;
   case 0xe0:   hang=4;  break;
   default: break;
  }
  delay_jp(5);                   //延时去抖动
  P1=0x0f;                       //行输出全为0
  if((P1&0x0f)!=0x0f)            //扫描列,如果不全为0则进入
  {
   switch(P1)                    //获得列号
   {
    case 0x07:  lie=1;  break;
    case 0x0b:  lie=2;  break;
    case 0x0d:  lie=3;  break;
    case 0x0e:  lie=4;  break;
    default: break;
   }
  }
  return ((hang-1)*4+lie);       //返回键值
 }
 else return (0);                //无按键按下返回0
}
//#################################################
//名称:wr595()向74HC595发送一个字节的数据
//功能:向74HC595发送一个字节的数据(先发低位)
```

```
//##################################################
void write595(uchar wrdat)
{
 uchar i;
 sclk = 0;
 st = 0;
 for(i = 8;i > 0;i--)              //循环 8 次,写一个字节
 {
  da = wrdat&0x80;                 //发送 BIT0 位
  wrdat < < =1;                    //要发送的数据右移,准备发送下一位
  sclk = 0;                        //移位时钟上升沿
  _nop_();
  _nop_();
  sclk =1;
  _nop_();
  _nop_();
  sclk = 0;
 }
 st = 0;                           //上升沿将数据送到输出锁存器
 _nop_();
 _nop_();
 st =1;
 _nop_();
 _nop_();
 st = 0;
}
//显示子函数
void display_jp(uchar key)
{
  uchar reg;
  reg = led_7seg[ key];            //显示键值
  write595(reg);
 P0 = 0;
 delay_jp(2);                      //调用延时子函数,决定亮度
 P0 =1;
}
//主函数
void main()
{
 uchar key = 0;
 while(1)
 {
  P1 = 0xf0;
```

```
    if((P1&0xf0)! =0xf0)              //若有键按下
    {
      key=scankey();                  //调用扫描子函数
    }
    display_jp(key);
    }
}
```

● 问题及知识点引入

◇ 矩阵式键盘的结构及按键识别过程是怎样的?

◇ 获取键值的具体方法除了上例中行列扫描法之外,能否列举不同的方法?

8.2.1　4×4 矩阵按键的扫描原理

图 8-4 所示用单片机的 P1 口组成矩阵式键盘电路。图中行线 P1.4-P1.7 为输出状态。列线为 P1.0-P1.3 通过 4 个上拉电阻接 +5V,处于输入状态。按键设置在行、列交点上,行、列线分别连接到按键开关的两端。

CPU 通过读取行线的状态,即可知道有无按键按下。当键盘上没有键闭合时,行、列线之间是断开的,所有的行线输入全部为高电平。当键盘上某个键被按下闭合时,则对应的行线和列线短路,行线输入即为列线输出。此时若初始化所有的列线输出为低电平,则通过检查行线输入值是否为全“1”即可判断有无按键按下。方法如下:

(1) 判断有无按键被按下。按键被按下时,与此按键相连的行线与列线将导通,而列线电平在无按键按下时处于高电平。显然,如果让所有的行线处于高电平,那么按键按下与否都不会引起列线电平的状态变化,所以只有让所有行线处于低电平,当有按键按下时按键所在列电平将被拉成低电平,根据此列电平的变化,便能判定一定有按键被按下。

(2) 判断按键是否真的被按下。当判断出有按键被按下之后,用软件延时的方法延时 5~10ms,再判断键盘的状态。如果仍认为有按键被按下,则认为确实有按键按下,否则,当作按键抖动来处理。

(3) 判断哪一个按键被按下。当判断出哪一列中有按键被按下时,可根据 P1 口的数值来确定哪一个按键被按下。

(4) 等待按键释放。按键释放之后,可以根据按键码转相应的按键处理子程序,进行数据的输入或命令的处理

8.2.2　键值识别的不同方法——翻转法

程序示例:

```
uchar keyscan()//键盘处理函数
{
uchar a,b,c;//定义 3 个变量
KEY = 0x0f;//键盘口置 00001111
if (KEY! =0x0f)//查寻键盘口的值是否变化
{
```

```
Delay (20);//延时 20ms
if (KEY！= 0x0f)//有按键被按下处理
{
a = KEY;//键值放入寄存器 a
}
KEY = 0xf0;//将键盘口置为 11110000
c = KEY;//将第二次取得值放入寄存器 c
a |= c;//将两个数据熔合
switch(a)//对比数据值
{
case 0xee: b = 0x00; break;//对比得到的键值给 b 一个应用数据
case 0xed: b = 0x01; break;
case 0xeb: b = 0x02; break;
case 0xe7: b = 0x03; break;
case 0xde: b = 0x04; break;
case 0xdd: b = 0x05; break;
case 0xdb: b = 0x06; break;
case 0xd7: b = 0x07; break;
case 0xbe: b = 0x08; break;
case 0xbd: b = 0x09; break;
case 0xbb: b = 0x0a; break;
case 0xb7: b = 0x0b; break;
case 0x7e: b = 0x0c; break;
case 0x7d: b = 0x0d; break;
case 0x7b: b = 0x0e; break;
case 0x77: b = 0x0f; break;
default: break;//键值错误处理
}
}
return (b);//将 b 作为返回值
}
```

翻转法与行列扫描法，本质上没有什么不同，不同之处在于，翻转法需要对行线和列线翻转前后的状态各取一次值，进行合并处理，然后根据计算值，人为地给按键分配一个键值，程序看似要简单些。

任务8.3　点阵显示矩阵按键键值

1. 工作任务描述

基本功能要求如下：

（1）点阵顺序显示 0~9。

（2）可通过按键分别控制数字上下左右移动。

（3）可显示所按下键的键值。

2. 工作任务分析

本任务是对点阵的基本显示和矩阵按键的综合应用，学生可以结合前两个任务独立完成设计。

3. 工作步骤

步骤一：设计硬件原理图。

步骤二：打开集成开发环境，建立一个新的工程。

步骤三：编写程序，编译生成目标文件。

步骤四：下载调试。

4. 工作任务设计方案及实施

程序示例如下：

```
/**********************************************************
名称:点阵显示系统
功能:系统上电时,默认为点阵顺序显示0~9。若按下矩阵键盘0~9中的一个按键,点阵静态显示相应
的数值;若按下12键,则字符左移一位;若按下13键,则字符右移一位;若按下14键,则字符上移一位;若按
下15键,则字符下移一位。
**********************************************************/
#include < reg52.h >
#include < intrins.h >
#define uchar unsigned char
sbit yiwei = P2^7;          //74HC595移位时钟信号输入端(11)
sbit suocun = P2^6;         //74HC595锁存信号输入端(12)
sbit datainput = P2^5;      //74HC595数据信号输入端(14)
//延时函数
void delayms(uchar i)       //延时函数
{
 uchar j;
 for(;i >0;i--)
     for(j =0;j <125;j ++) { ; }
}
void Dianzhen_display(uchar duan,uchar wei)//点阵显示子函数
{
        uchar j;
        for(j =0;j <8;j ++)   //循环8次,写一个字节
        {
        datainput = duan&0x01;//发送BIT0位
        duan > > =1;          //要发送的数据右移,准备发送下一位
        yiwei =0;             //移位时钟上升沿
        yiwei =1;
        yiwei =0;
        }
        P0 =0xff;
        suocun =0;            //上升沿将数据送到输出锁存器
```

```
            suocun = 1;
            suocun = 0;
            P0 = wei;
}
//要显示的数据代码
uchar code led_88seg[80] = {0x0 0,0x00,0x3E,0x41,0x41,0x41,0x3E,0x00,     //0
                            0x00,0x00,0x01,0x21,0x7F,0x01,0x01,0x00,     //1
                            0x00,0x00,0x27,0x45,0x45,0x45,0x39,0x00,     //2
                            0x00,0x00,0x22,0x49,0x49,0x49,0x36,0x00,     //3
                            0x00,0x00,0x0C,0x14,0x24,0x7F,0x04,0x00,     //4
                            0x00,0x00,0x72,0x51,0x51,0x51,0x4E,0x00,     //5
                            0x00,0x00,0x3E,0x49,0x49,0x49,0x26,0x00,     //6
                            0x00,0x00,0x40,0x40,0x40,0x4F,0x70,0x00,     //7
                            0x00,0x00,0x36,0x49,0x49,0x49,0x36,0x00,     //8
                            0x00,0x00,0x32,0x49,0x49,0x49,0x3E,0x00}; //9
uchar num1,left,right,up,down,datakey;        // 相关全局变量
uchar i = 0;
uchar t = 0;//点阵显示函数时间
//矩阵键盘扫描函数
uchar keyscan()
{
            uchar num,temp;
            P1 = 0xfe;                        //按键行列端口赋初值
            temp = P1;
            temp = temp&0xf0;
            while(temp!  = 0xf0)
                {
                    delayms(5);          //按键消抖
                    temp = P1;
                    temp = temp&0xf0;
                    while(temp!  = 0xf0) //松手检测
                    {
                        temp = P1;
                    switch(temp)
                        {
                            case 0xee:num = 16; //为避免冲突,将 0 的 datakey 改为 16,此键
为按键 0
                                break;
                            case 0xde:num = 1;   //按键 1
                                break;
                            case 0xbe:num = 2;   //按键 2
                                break;
                            case 0x7e:num = 3;   //按键 3
```

```
                break;
        }
    while(temp!=0xf0) //松手检测
        {
            temp=P1;
            temp=temp&0xf0;
        }
    }
}


P1=0xfd;                        //按键行列端口赋初值
temp=P1;
temp=temp&0xf0;
while(temp!=0xf0)
    {
        delayms(5);             //按键消抖
        temp=P1;
        temp=temp&0xf0;
        while(temp!=0xf0) //松手检测
        {
            temp=P1;
        switch(temp)
            {
                case 0xed:num=4;   //按键4
                    break;
                case 0xdd:num=5;   //按键5
                    break;
                case 0xbd:num=6;   //按键6
                    break;
                case 0x7d:num=7;   //按键7
                    break;
            }
        while(temp!=0xf0) //松手检测
            {
                temp=P1;
                temp=temp&0xf0;
            }
        }
    }


P1=0xfb;                            //按键行列端口赋初值
temp=P1;
```

```
             temp = temp&0xf0;
             while(temp!  =0xf0)
                   {
                         delayms(5);                    //按键消抖
                         temp = P1;
                         temp = temp&0xf0;
                         while(temp!  =0xf0)         //松手检测
                         {
                             temp = P1;
                         switch(temp)
                             {
                                   case 0xeb:num =8;  //按键8
                                         break;
                                   case 0xdb:num =9;  //按键9
                                         break;
                             }
                         while(temp!  =0xf0)         //松手检测
                             {
                                 temp = P1;
                                 temp = temp&0xf0;
                             }
                         }
                   }


             P1 =0xf7;                              //按键行列端口赋初值
             temp = P1;
             temp = temp&0xf0;
             while(temp!  =0xf0)
                   {
                         delayms(5);                    //按键消抖
                         temp = P1;
                         temp = temp&0xf0;
                         while(temp!  =0xf0) //松手检测
                         {
                             temp = P1;
                         switch(temp)
                             {
                                 case 0xe7:num1 =12,left + +;   //右移按键记录
                                       break;
                                 case 0xd7:num1 =13;right + +; //左移按键记录
                                       break;
                                 case 0xb7:num1 =14;up + +;    //上移按键记录
```

```
                                break;
                    case 0x77:num1 =15;down + +;   //下移按键记录
                                break;
                }
            while(temp! =0xf0) //松手检测
                {
                    temp = P1;
                    temp = temp&0xf0;
                }
            }
        }
    }
return num;
}
//主函数
void main(void)
{
 TMOD = 0x01;                      //定时器工作在方式1
 TH0 = (65536 - 50000)/256;        //定时器 0 赋初值
 TL0 = (65536 - 50000)% 256;
 EA = 1;                           //开总中断
 ET0 = 1;                          //开定时器 0 中断
 TR0 = 1;                          //启动定时器 0
 //RCAP2H = 0x3c;                   //定时器 2 赋初值
 //RCAP2L = 0xb0;                   //定时器 2 赋初值
 //EA = 1;
 //ET2 = 1;
 //TR2 = 1;
 while(1)
 {
 uchar j;
 datakey = keyscan();             //将键盘扫描值赋给 datakey
 datakey = datakey* 8;            //自乘 8
 if(datakey = =0)                 //如果没有键按下,则循环显示 0 ~ 9
 {
     uchar wei;               //定义位选
     wei = 0xfe;              //位选赋值
     for(j = i;j < i +8;j + +) //利用 for 循环显示字符
     {
       Dianzhen_display(led_88seg[ j],wei);
       wei = _crol_(wei,1);
     }
 }
 else
```

```
{
        uchar wei = 0xfe;                           //定义位选并赋初值
        uchar f;                                    //定义数组中间变量
        TR2 = 0;
        if(datakey = = 128)//按下键16时,令datakey为0
        datakey = 0;
        wei = _cror_(wei,left);                     //字符左移
        wei = _crol_(wei,right);                    //字符右移
        for(j = datakey;j < datakey + 8;j + +)      //利用for循环显示字符
        {
            f = led_88seg[j];                       //将数组内容赋给中间变量
            if(num1 = = 14)
            f = _crol_(f,up);                       //字符上移
            if(num1 = = 15)
            f = _cror_(f,down);                     //字符下移
            Dianzhen_display(f,wei);
            wei = _crol_(wei,1);
        }
    }
  }
}
//定时器中断2服务子函数
void timer2() interrupt 1
{
  TH0 = (65536 - 50000)/256;
  TL0 = (65536 - 50000)% 256;
  t + +;
  if(t = = 15)
  {
    t = 0;
    i + = 8;//显示下一列的段码值
    if(i = = 80)
    i = 0;
  }
}
```

项目9 基于单片机的数字马表设计

本项目通过引导学生学习设计一个带存储功能的马表，从而使其掌握基于 I^2C 总线的通信协议的串行 EEPROM\24C02 的硬件电路与驱动程序的设计。

- **项目目标与要求**

  ◇ 了解 I^2C 总线通信协议
  ◇ 掌握 24C02 的驱动方式
  ◇ 复习定时器、中断、按键等各功能模块应用

- **项目工作任务**

  ◇ 分解项目，通过分解任务完成对新知识点的学习。
  ◇ 设计的电路原理图。
  ◇ 建立软件开发环境，编写控制程序，并编译生成目标文件
  ◇ 下载到开发板，调试通过

任务 9.1 精确计时的马表设计

1. 工作任务描述

利用定时器精确定时，实现精确马表计时的功能。

2. 工作任务分析

在项目 2 中曾经完成过一个 99s 计时显示的任务，本任务与之有相似之处，都完成计时显示的功能，不同之处在于之前的任务中我们使用的是软件延时，定时准确性没办法保证，这里我们引入定时器，实现精确定时，并带显示功能的简单马表的设计。

3. 工作步骤

步骤一：设计电路图。
步骤二：打开集成开发环境，建立一个新的工程。
步骤三：编写程序，编译生成目标文件。
步骤四：下载调试。

4. 工作任务设计方案及实施

程序示例如下：

```
#include <REGX51.H>
#include <intrins.h>
```

```
#define uchar unsigned char
#define uint unsigned int
display();
void send();
sbit sda = P2^6;//P2^6 连接 CD4094 的 DATA 端
sbit clk = P2^5;//P2^5 连接 CD4094 的 CLK 端
uchar a,num,se;
uchar gewei,shiwei;
uchar code  led[] = {0xc0,0xF9,0xA4,0xB0,0x99,
    0x92,0x82,0xF8,0x80,0x90,0x88,0x83,0xc6,
    0xa1,0x86,0x8e,0xbf,0x89,0x8C};
Init()                //初始化程序
{

    se = 0;
    num = 0;
    TMOD = 0x01;
    TH0 = (65536-50000)/256;
    TL0 = (65536-50000)% 256;
    ET0 = 1;
    EA = 1;
    TR0 = 1;
}
void delay(int m)//延时子程序
{
    uint   t,tt;
    for(t = 0;t < m;t ++)
        for(tt = 0;tt < 100;tt ++);
}
void timer0() interrupt 1   //定时器中断子程序
{
    TH0 = (65536-50000)/256;
    TL0 = (65536-50000)% 256;
    se ++;
    if(se == 20)
    {
    se = 0;
    num ++;
    if(num == 100)
    num = 0;


    }
}
```

```
display()
{
    while(1)
    {
    shiwei = num/10;
    P0 = 0xbf;
    a = led[shiwei];
    send();
    delay(2);
    gewei = num% 10;
    P0 = 0x7f;
    a = led[gewei];
    send();
    delay(2);
    }

}
void send( )    //发送字节子程序
{
    uchar i;
    for(i = 0;i < 8;i ++)
        {
            if(_crol_(a,i)&0x80)
                sda = 1;
            else
                sda = 0;
            clk = 0;
            clk = 1;

        };
}

void main()
{
    Init();
    display();

}
```

任务9.2　带简单可控功能的马表设计

1. 工作任务描述

利用定时器精确定时，实现精确马表计时的功能，同时在任务1的基础上增加了简单的控制功能，比如启停控制、暂停等。

2. 工作任务分析

本任务增加了按键控制启动、停止、暂停等功能，目的是引导学生在重复步骤的过程中，能够对前面的技能进行复习，同时进一步完善整个项目的具体功能。任务 1 和任务 2 都没有出现新的知识点。

3. 工作步骤

步骤一：设计电路图。

步骤二：打开集成开发环境，建立一个新的工程。

步骤三：编写程序，编译生成目标文件。

步骤四：下载调试。

4. 工作任务设计方案及实施

程序示例如下：

```c
#include < REGX51. H >
#include < intrins. h >
#define uchar unsigned char
#define uint unsigned int
display();
void send();
sbit sda = P2^6; //P2^6 连接 CD4094 的 DATA 端
sbit clk = P2^5; //P2^5 连接 CD4094 的 CLK 端
sbit stop = P1^4;
sbit recoder = P1^5;
sbit start = P1^6;
uchar a, num, num1 = 0, num2 = 1, se;
uchar gewei, shiwei;
uchar buffer[5] = {0,0,0,0,0};
uchar code  led[] = {0xc0,0xF9,0xA4,0xB0,0x99,
    0x92,0x82,0xF8,0x80,0x90,0x88,0x83,0xc6,
    0xa1,0x86,0x8e,0xbf,0x89,0x8C};
Init()              //初始化程序
{

    se = 0;
    num = 0;
    TMOD = 0x01;
    TH0 = (65536-50000)/256;
    TL0 = (65536-50000)% 256;
    ET0 = 1;
    EA = 1;
    TR0 = 1;
}
void delay(int m) //延时子程序
```

```
{
    uint   t,tt;
    for(t=0;t<m;t++)
        for(tt=0;tt<100;tt++);
}
void timer0() interrupt 1   //定时器中断子程序
{
        TH0 = (65536-50000)/256;
        TL0 = (65536-50000)%256;
        se++;
        if(se==20)
    {

        se=0;
        num++;
        if(num==100)
        num=0;


    }
}
display()
{
    while(1)
    {
    shiwei=num/10;
    P0=0xbf;
    a=led[shiwei];
    send();
    delay(2);
    gewei=num%10;
    P0=0x7f;
    a=led[gewei];
    send();
    delay(2);
    if(stop==0)
    {
        delay(10);
        if(stop==0)
        {
            TR0=0;

        }

    };
```

```
    if(recoder == 0)
    {
        delay(10);
        if(recoder == 0)
        {
            num1 ++;
            if(num1 <= 5)
            {

                buffer[num2] = num;
                num2 ++;
            }


        }
    }
    if(start == 0)
    {
        delay(10);
        if(start == 0)
        {
            TR0 = 1;
        }
    }
}
```

任务9.3　串行EEPROM-AT24C02的读写操作

1. 工作任务描述

编写一段程序，向AT24C02中写入一个字节的数据，然后读取回来送到P0口驱动的8位发光二极管显示出来。

2. 工作任务分析

AT24C02是一个2KB位串行CMOS\E2PROM，内部含有256个8位字节，同系列芯片还包括AT24C01/04/08/16，内部分别含有内部含128/512/1024/2048个8位字节，该系列芯片支持I^2C总线数据传送协议。编写AT24C02的驱动程序，首先要了解I^2C总线通信协议。由于51单片机本身不支持I^2C接口，所以只能通过软件编程来模拟AT24C02的工作时序和控制信号。

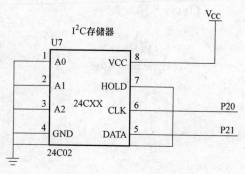

图9-1　AT24C02电路原理

3. 工作步骤

步骤一：设计AT24C02与单片机相连接的

电路图。

步骤二：打开集成开发环境，建立一个新的工程。

步骤三：编写程序，编译生成目标文件。

步骤四：下载调试。

4. 工作任务设计方案及实施

AT24C02 电路原理如图 9-1 所示。

程序示例如下：

```
#include "reg52.h"

#define uchar unsigned char
#define uint  unsigned int

#define Wr_Addr_24c02  0xa0
#define Rd_Addr_24c02  0xa1
sbit  SCL = P2^0;
sbit  SDA = P2^1;

//延时函数
void delayms(uint number)
{
uchar temp;
for(;number! = 0;number--)
{
    for(temp = 112;temp! = 0;temp--);
}
}
/********************************************************
功能:开始一个读写操作
I²C时序:时钟线高电平期间,数据线的一个下降沿
********************************************************/
void start()
{
    SDA = 1;
    SCL = 1;
    SDA = 0;
    SCL = 0;
}
/********************************************************
功能:停止一个读写操作
I²C时序:时钟线高电平期间,数据线的一个上升沿
********************************************************/
void stop()
```

```c
{
    SDA = 0;
    SCL = 1;
    SDA = 1;
}
//ACK
bit testack()
{
bit errorbit;
    SDA = 1;
    SCL = 1;
errorbit = SDA;
    SCL = 0;
return(errorbit);
}
//NACK
void noack()
{
    SDA = 1;
    SCL = 1;
    SCL = 0;
}
//写入8位数据比特
wr_8bit(uchar indat)
{
uchar temp;
for(temp = 8;temp! = 0;temp--)
{
    SDA = (bit)(indat&0x80);
        SCL = 1;
        SCL = 0;
    indat = indat << 1;
}
}
/*******************************************************************
函数名称:void wr_byte_24c02(uchar addr,uchar indat)
函数功能:写入一个字节到指定地址,addr:地址; indat:数据
备注:写入一个字节的 I²C 时序:开始 + 从机地址 + ACK(从机发送) + 要写入数据的地址 + ACK(从机发
送) + 要写入的数据 + ACK(从机发送) + 停止
*******************************************************************/
void wr_byte_24c02(uchar addr,uchar indat)
{
start();
```

```
wr_8bit(Wr_Addr_24c02);
testack();
wr_8bit(addr);
testack();
wr_8bit(indat);
testack();
stop();
delayms(10);  //延时等待 AT24C02 保存数据
}
//读 8 个比特数据
uchar rd_8bit()
{
uchar temp,rbyte = 0;
for(temp = 8;temp! = 0;temp--)
    {
        SCL = 1;
        rbyte = rbyte << 1;
        rbyte = rbyte|((uchar)(SDA));
        SCL = 0;
    }
return(rbyte);
}
/******************************************************************
```
函数名称：uchar rd_byte_24c02(uchar addr)

函数功能：从指定地址读取一个字节数据,addr:地址

备注:读取一个字节的 I^2C 时序:开始 + 从机地址 + ACK(从机发送) + 要写入数据的地址 + ACK(从机发送) + 开始 + 从机地址 + ACK(从机发送) + 接收数据 + NACK + 停止
```
******************************************************************/
//
uchar rd_byte_24c02(uchar addr)
{
uchar ch;
start();
wr_8bit(Wr_Addr_24c02);
testack();
wr_8bit(addr);
testack();
start();
wr_8bit(Rd_Addr_24c02);
testack();
ch = rd_8bit();
noack();
stop();
```

```
return(ch);
}

main()
{
uchar rddat;
wr_byte_24c02(0x02,0x77);
rddat = rd_byte_24c02(0x02);
P1 = rddat;
while(1);
}
```

问题及知识点引入

◇ AT24C02 的基本特性和引脚说明

◇ 什么是 I^2C 总协议，其具体内容是什么，如何应用？

◇ AT24C02 的具体操作过程是怎样的？

9.3.1　AT24C02 的基本特性和引脚说明

1. 基本特性

- 与 400kHz I^2C 总线兼容
- 1.8 ~ 6.0V 工作电压范围
- 低功耗 CMOS 技术
- 写保护功能
- 当 WP 为高电平时进入写保护状态
- 页写缓冲器
- 自定时擦写周期
- 1，000，000 编程/擦除周期
- 可保存数据 100 年
- 8 引脚 DIP、SOIC 或 TSSOP 封装
- 温度范围：商业级、工业级和汽车级

2. 引脚描述

AT24C02 引脚封装如图 9-2 所示。

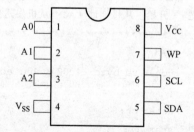

图 9-2　AT24C02 引脚封装

（1）SCL：串行时钟。AT24C01/02/04/08/16 串行时钟输入引脚，用于产生器件所有数据发送或接收的时钟，这是一个输入引脚。

（2）SDA：串行数据/地址。AT24C01/02/04/08/16 双向串行数据/地址引脚，用于器件所有数据的发送或接收。SDA 是一个开漏输出引脚，可与其他开漏输出或集电极开路输出进行线或（wire-OR）。

（3）A0、A1、A2：器件地址输入端。当这些输入引脚用于多个器件级联时设置器件地址，当这些引脚悬空时默认值为 0（AT24C01 除外）。

当使用 AT24C01 或 AT24C02 时最大可级联 8 个器件，如果只有一个 AT24C02 被总线寻

址，这 3 个地址输入引脚 A0、A1、A2 可悬空或连接到 V_{SS}。如果只有一个 AT24C01 被总线寻址，这 3 个地址输入引脚 A0、A1、A2 必须连接到 V_{SS}。

当使用 AT24C04 时最多可连接 4 个器件，该器件仅使用 A1、A2 地址引脚，A0 引脚未用，可以连接到 V_{SS} 或悬空。如果只有一个 AT24C04 被总线寻址，A1 和 A2 地址引脚可悬空或连接到 V_{SS}。

当使用 AT24C08 时最多可连接两个器件，且仅使用地址引脚 A2，A0、A1 引脚未用，可以连接到 V_{SS} 或悬空。如果只有一个 AT24C08 被总线寻址，A2 引脚可悬空或连接到 V_{SS}。

当使用 AT24C16 时最多只可连接 1 个器件，所有地址引脚 A0、A1、A2 都未用，引脚可以连接到 V_{SS} 或悬空。

（4）WP：写保护。如果 WP 引脚连接到 V_{CC}，所有的内容都被写保护，只能进行读操作。当 WP 引脚连接到 V_{SS} 或悬空，允许器件进行正常的读/写操作。

9.3.2　I^{2}C 总线协议简介

I^{2}C 总线接口的电气结构如图 9-3 所示，I^{2}C 总线的串行数据线 SDA 和串行时钟线 SCL 必须经过上拉电阻 R_p 接到正电源上。当总线空闲时，SDA 和 SCL 必须保持高电平。为了使总线上所有电路的输出能完成"线与"的功能，连接到总线上的器件的输出级必须为"开漏"或"开集"的形式，所以总线上需加上拉电阻。

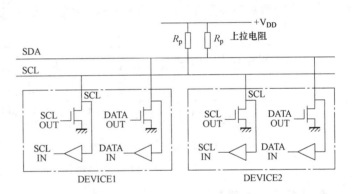

图 9-3　I^{2}C 总线接口的电气结构

1. I^{2}C 总线协议的定义

（1）只有在总线空闲时才允许启动数据传送。

（2）在数据传送过程中，当时钟线为高电平时，数据线必须保持稳定状态，不允许有跳变。时钟线为高电平时，数据线的任何电平变化将被看作总线的起始或停止信号。

2. 起始和终止信号

对 I^{2}C 器件的操作总是从一个规定的"启动（Start）"时序开始，即 SCL 为高电平时，SDA 由高电平向低电平跳变，开始传送数据；信息传输完成后总是以一个规定的"停止（Stop）"时序结束，即 SCL 为高电平时，SDA 由低电平向高电平跳变，结束传送数据。起始/停止时序如图 9-4 所示。

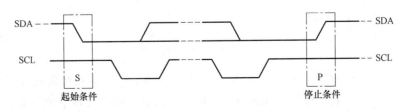

图 9-4　起始/停止时序

起始信号和终止信号都是由主机发出的，在起始信号产生后，总线就处于被占用的状态；在终止信号产生一段时间后，总线就处于空闲状态。

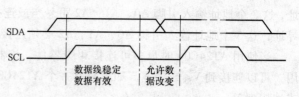

图 9-5　数据传输时序

在进行数据传输时，SDA 线上的数据必须在时钟的高电平周期保持稳定，数据线的高或低电平状态只有在 SCL 线的时钟信号是低电平时才能改变，如图 9-5 所示。

3. 字节数据传送及应答信号

I^2C 总线传送的每个字节均为 8 位，每次传输可以发送的字节数量不受限制，每个字节后必须跟一个应答信号。数据传送格式如图 9-6 所示。首先传输的是数据的最高位，主控器件发送时钟脉冲信号，并在时钟信号的高电平期间保持数据线（SDA）的稳定。由最高位开始一位一位地发送完一个字节后，在第 9 个时钟高脉冲时，从机输出低电平作为应答信号，表示对接收数据的认可，应答信号用 ACK 表示。如果从机要完成一些其他功能，例如一个内部中断服务程序，可以使时钟线 SCL 保持低电平，迫使主机进入等待状态，当从机准备好接收下一个数据字节并释放时钟线 SCL 后，数据传输继续。

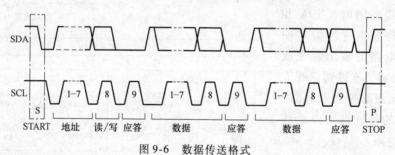

图 9-6　数据传送格式

4. 完整的数据传送

I^2C 数据的传输遵循图 9-7 和图 9-8 所示的格式。先由主控器发送一个启动信号（S），随后发送一个带读/写（R/$\overline{W}$）标记的从地址字节（SLAVE ADDRESS），从机地址只有 7 位长，第 8 位是"读/写（R/$\overline{W}$），用来确定数据传送的方向。

（1）写格式。I^2C 总线的写数据格式如图 9-7 所示。

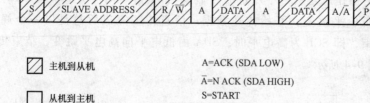

图 9-7　写数据格式

对于写格式，从机地址中第八位 R/$\overline{W}$ 应为 0，表示主机控制器将发送数据给从机，从机发送应答信号（A）表示接收到地址和读写信息，接着主机发送若干个字节，每个字节后从机发送一个应答位（A）。注意根据具体的芯片功能，传送的数据格式也有所不同。主机发送完数据后，最后发送一个停止信号（P），表示本次传送结束。

（2）读格式。I^2C总线的读数据格式，如图9-8所示。

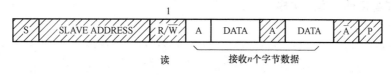

图9-8 读数据格式

主机发送从机地址（SLAVE ADDRESS）时将R/$\overline{W}$设位1，则表示主机将读取数据，从机接收到这个信号后，将数据传送到数据线上（SDA），主机每接收到一个字节数据后，发送一个应答信号（A）。当主机接收完数据后，发送一个非应答信号（/A），通知从机表示接收完成，然后再发送一个停止信号。

9.3.3 AT24C02的具体操作

主器件通过发送一个起始信号启动发送过程，然后发送它所要寻址的从器件的地址。AT24C02的地址信息如图9-9所示。8位从器件地址的高4位固定为1010，接下来的3位A2、A1、A0为器件的地址位，用来定义哪个器件以及器件的哪个部分被主器件访问。上述8个AT24C01/02、4个AT24C04、2个AT24C08、1个AT24C16可单独被系统寻址。从器件8位地址的最低位作为读写控制位，1表示对从器件进行读操作，0表示对从器件进行写操作。在主器件发送起始信号和从器件地址字节后CAT24WC02监视总线，并当其地址与发送的从地址相符时响应一个应答信号通过SDA线，AT24C02再根据读写控制位R/$\overline{W}$的状态进行读或写操作。

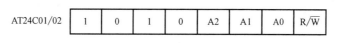

图9-9 AT24C02的地址信息

任务9.4 带存储功能的马表设计

1. 工作任务描述

基本功能要求如下：

（1）用数码管实现秒表显示，计时精度为0.1s。

（2）可以利用AT24C02存储芯片保存10次连续计时结果，并能读取出来通过数码管显示。

2. 工作任务分析

该任务涉及对AT24C02的读写、按键识别以及数码管显示等模块的应用，目的在于加深同学们对AT24C02的应用得熟练程度，同时也对之前的知识和技能有个复习的过程。

3. 工作步骤

步骤一：设计系统电路图。

步骤二：打开集成开发环境，建立一个新的工程。

步骤三：编写程序，编译生成目标文件。

步骤四：下载调试。

4. 工作任务设计方案及实施

程序示例如下：

```
/************************************************************************

名称:秒表

功能:系统上电,数码管后 3 位显示 00.0。当按下 key3 键时,秒表开始计时,再次按下 key3 键计时停
止,第 3 次按下 key3 键秒表清零。按下 key1 键(当按下第 11 次时更新第一次记录时间,以此类推)记录当
前秒表时间,可记录 10 次时间。按下 key2 键可显示记录时间(当按下第 11 次时显示第一次记录的时间,以
此类推),可连续显示 10 次记录的时间。

************************************************************************/

#include < reg52. h >
#include < intrins. h >
#define uchar unsigned char
#define uint unsigned int
#define delayNOP(); {_nop_();_nop_();_nop_();_nop_();};
sbit SDA_AT24C02 = P2^1;   //AT24C02 数据信号端
sbit SCL_AT24C02 = P2^0;   //AT24C02 时钟信号输入端


sbit P07 = P0^7;
sbit P06 = P0^6;
sbit P05 = P0^5;
sbit P00 = P0^0;
sbit P01 = P0^1;


sbit key1 = P1^5;//按键
sbit key2 = P1^6;
sbit key3 = P1^7;


//74HC595 与单片机连接口
sbit SCK_HC595 = P2^7;   //74HC595 移位时钟信号输入端(11)
sbit RCK_HC595 = P2^6;    //74HC595 锁存信号输入端(12)
sbit OUTDA_HC595 = P2^5;        //74HC595 数据信号输入端(14)


//###########################################
//共阴极数码管显示代码
uchar code led_7seg[10] = {0x3F,0x06,0x5B,0x4F,//0 1 2 3
                           0x66,0x6D,0x7D,0x07,  //4 5 6 7
                           0x7F,0x6F, }; //8 9
//###########################################
uint t0,num,n;
uchar key11,key22,key33,num0,num1;
```

```
//##################################################
定时器初始化
//##################################################
void inittime0()
{
    TMOD = 0x01;//设置定时器 0 为工作方式 1
    TH0 = (65536-10000)/256; //设置计数初值
    TL0 = (65536-10000)% 256;//设置计数初值
    EA = 1;//开总中断
    ET0 = 1;//开定时器 0 中断
    TR0 = 0;//启动定时器 0
}
//##################################################
//延时程序
//##################################################
void delayms(uchar n)
{
    uchar x;
    for(;n > 0;n--)
    for(x = 0;x < 120;x ++ );
}
//##################################################
                   AT24C02 子程序
//##################################################
//起始子程序
void start()
//开始位
{
    SDA_AT24C02 = 1;
    SCL_AT24C02 = 1;
    delayNOP();
    SDA_AT24C02 = 0;
    delayNOP();
    SCL_AT24C02 = 0;
}
//##################################################
void stop()
// 停止位
{
    SDA_AT24C02 = 0;
    delayNOP();
    SCL_AT24C02 = 1;
    delayNOP();
```

```
    SDA_AT24C02 = 1;
}
//#######################################################
    uchar output_AT24C02 ( ) // 从 AT24C02 移出数据到 MCU
    {
    uchar i,read_data;
    for(i = 0; i < 8; i ++)
    {
    SCL_AT24C02 = 1;
    read_data <<= 1;
    read_data |= SDA_AT24C02;
    SCL_AT24C02 = 0;
    }
    return(read_data);
}
//#######################################################
bit input_AT24C02 (uchar write_data) // 从 MCU 移出数据到 AT24C02
{
    uchar i;
    bit ack_bit;
    for(i = 0; i < 8; i ++)    // 循环移入 8 个位
    {
      SDA_AT24C02 = (bit)(write_data & 0x80);
    _nop_();
    SCL_AT24C02 = 1;
    delayNOP();
    SCL_AT24C02 = 0;
    write_data <<= 1;
    }
    SDA_AT24C02 = 1;                      // 读取应答
    delayNOP();
    SCL_AT24C02 = 1;
    delayNOP();
    ack_bit = SDA_AT24C02;
    SCL_AT24C02 = 0;
    return ack_bit;              // 返回 AT24C02 应答位
}
//#######################################################
void write_AT24C02(uchar addr, uchar write_data) // 在指定地址 addr 处写入数据 write_data
{
    start();
    input_AT24C02(0xa0);
    input_AT24C02(addr);
```

```
    input_AT24C02(write_data);
    stop();
    delayms(10);              // 写入周期
}
//################################################
uchar read_AT24C02()// 在当前地址读取
{
    uchar read_data;
    start();
    input_AT24C02(0xa1);
    read_data = output_AT24C02();
    stop();
    return read_data;
}
//################################################
uchar read_data_AT24C02(uchar random_addr) // 在指定地址读取
{
    uchar temp;
    start();
    input_AT24C02(0xa0);
    input_AT24C02(random_addr);
    temp = read_AT24C02();
    return(temp);
}
//################################################
void write_HC595(uchar wrdat) //向 74HC595 发送一个字节的数据
{
    uchar i;
    SCK_HC595 = 0;
    OUTDA_HC595 = 0;
    for(i = 8;i > 0;i--)//循环 8 次,写一个字节
    {
    OUTDA_HC595 = wrdat&0x80;//发送 BIT0 位
    wrdat <<= 1;      //要发送的数据右移,准备发送下一位
    SCK_HC595 = 0;
    _nop_();
    _nop_();
    SCK_HC595 = 1;    //移位时钟上升沿
    _nop_();
    _nop_();
    SCK_HC595 = 0;
    }
    RCK_HC595 = 0;          //上升沿将数据送到输出锁存器
```

```
    _nop_();
    _nop_();
    RCK_HC595 =1;
    _nop_();
    _nop_();
    RCK_HC595 =0;
}
//#####################################################
void scankey()//按键扫描
{
    if(0 = = key1)
    {
        delayms(5);
        while(! key1);
        key11 ++ ;
        n = num;
        if(key11 = =11)
            key11 =1;
            num0 = num&0xff; //把时间分成两个 uchar 型数
            num1 = (n >> = 8)&0xff;
        switch(key11)     //AT24C02 存时间高低位
        {
            case 1:write_AT24C02(0x00,num0);write_AT24C02(0x01,num1);break;
            case 2:write_AT24C02(0x02,num0);write_AT24C02(0x03,num1);break;
            case 3:write_AT24C02(0x04,num0);write_AT24C02(0x05,num1);break;
            case 4:write_AT24C02(0x06,num0);write_AT24C02(0x07,num1);break;
            case 5:write_AT24C02(0x08,num0);write_AT24C02(0x09,num1);break;
            case 6:write_AT24C02(0x0a,num0);write_AT24C02(0x0b,num1);break;
            case 7:write_AT24C02(0x0c,num0);write_AT24C02(0x0d,num1);break;
            case 8:write_AT24C02(0x0e,num0);write_AT24C02(0x0f,num1);break;
            case 9:write_AT24C02(0x10,num0);write_AT24C02(0x11,num1);break;
            case 10:write_AT24C02(0x12,num0);write_AT24C02(0x13,num1);break;
        }
    }
        if(0 = = key2)
        {
        delayms(5);
        while(! key2);
        key22 ++ ;
        if(key22 = =11)
            key22 =1;
            TR0 =0;
        switch(key22)     //AT24C02 读时间高低位
```

```
        {
            case 1: num0 = read_data_AT24C02(0x00); num1 = read_data_AT24C02(0x01);
                break;
            case 2: num0 = read_data_AT24C02(0x02); num1 = read_data_AT24C02(0x03);
                break;
            case 3: num0 = read_data_AT24C02(0x04); num1 = read_data_AT24C02(0x05);
                break;
            case 4: num0 = read_data_AT24C02(0x06); num1 = read_data_AT24C02(0x07);
                break;
            case 5: num0 = read_data_AT24C02(0x08); num1 = read_data_AT24C02(0x09);
                break;
            case 6: num0 = read_data_AT24C02(0x0a); num1 = read_data_AT24C02(0x0b);
                break;
            case 7: num0 = read_data_AT24C02(0x0c); num1 = read_data_AT24C02(0x0d);
                break;
            case 8: num0 = read_data_AT24C02(0x0e); num1 = read_data_AT24C02(0x0f);
                break;
            case 9: num0 = read_data_AT24C02(0x10); num1 = read_data_AT24C02(0x11);
                break;
            case 10: num0 = read_data_AT24C02(0x12); num1 = read_data_AT24C02(0x13);
                break;
        }
        num = num1;    //两个 uchar 型数合并成时间
        num <<= 8;
        num = num | num0;
    }
    if (0 == key3)
    {
        delayms(5);
        while(! key3);
        key33 ++ ;
        switch(key33)
        {
            case 1:TR0 = 1;break;   //开始计时
            case 2:TR0 = 0;break;   //结束计时
            case 3:num = 0;key33 = 0;break;   //时间清零
        }
    }
}
//####################################################
void LED_display(uint ucda) //显示函数
{
    uchar seg;
```

```
        seg = led_7seg[ucda% 10];
        write_HC595(seg);
        P07 = 0;                    //选通个位
        delayms(1);                 //延时
        P07 = 1;


        seg = led_7seg[ucda/10% 10] + 0x80;
        write_HC595(seg);
        P06 = 0;                    //选通个位
        delayms(1);                 //延时
        P06 = 1;


        seg = led_7seg[ucda/100];
        write_HC595(seg);
        P05 = 0;                    //选通个位
        delayms(1);                 //延时
        P05 = 1;


        if(key22 > 0&&key22 < 11)  //显示储存时间位数
        {
            seg = 0;
        if(key22 == 10)
        {
            seg = 1;
        }
        if(key22! = 10) write_HC595(led_7seg[key22]);
        else write_HC595(led_7seg[0]);
            P01 = 0;            //选通个位
            delayms(1);        //延时
            P01 = 1;


        write_HC595(led_7seg[seg]);
            P00 = 0;           //选通个位
            delayms(1);        //延时
            P00 = 1;

        }
    }
//###################################################
void main(void) //主程序

{
    inittime0();
    SDA_AT24C02 = 1;
```

```
    SCL_AT24C02 =1;
    LED_display(0);
    while(1)
    {
        scankey();   //按键扫描
        LED_display(num); //显示时间
    }
}
//####################################################
void timer0() interrupt 1//定时器中断0
{
  TH0 = (65536-50000)/256;
  TL0 = (65536-50000)% 256;
  t0 ++ ;
  if(t0 ==2)
    {
    t0 =0;
    num ++ ;
    if(num ==600)
        num =0;
    }
}
```

单点温度测量显示控制系统

项目10

温度测量是单片机应用系统中最为常见的环境测量参数，本项目通过设计一个单点温度测量显示控制系统，引导学生学习基于 1-wire 总线协议的数字温度传感器 DS18B20 的使用，同时在显示模块上选择 1602 液晶显示模块，从而使学生能够进一步掌握液晶显示模块的驱动方式。

● **项目目标与要求**

  ◇ 了解 DS18B20 的引脚及内部结构
  ◇ 了解单总线的操作命令
  ◇ 掌握单总线的通信协议，能够根据操作时序编写正确程序
  ◇ 掌握液晶模块硬件接线方式
  ◇ 能够正确编写液晶驱动程序

● **项目工作任务**

  ◇ 分解项目，通过分解任务完成对新知识点 DS18B20 和液晶模块应用技术的学习
  ◇ 设计的电路原理图
  ◇ 建立软件开发环境，编写控制程序，并编译生成目标文件
  ◇ 下载到开发板，调试通过

任务 10.1 简易温度测量系统设计

1. 工作任务描述

本任务采用温度传感器 DS18B20 实现温度采集功能，将温度信息显示在数码管上，显示数据只保留整数部分。

2. 工作任务分析

本任务通过连接一个温度传感器件 DS18B20 采集温度信息，将温度数据通过 74HC595 发送到数码管显示，74HC595 的驱动程序前面已经用到，这里主要是要引导学生学习 DS18B20 的驱动方法。

3. 工作步骤

步骤一：画出温度显示系统的硬件原理图。
步骤二：打开集成开发环境，建立一个新的工程。

步骤三：编写程序，编译生成目标文件。

步骤四：下载调试。

4. 工作任务设计方案及实施

DS18B20 和 AT89S52 的硬件接口原理如图 10-1 所示。

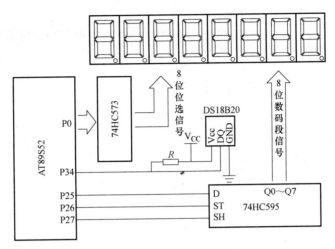

图 10-1　DS18B20 和 AT89S52 的硬件接口原理

程序示例如下：

在 DS18B20.H 文件内，作如下编写：

```c
#ifndef __DS18B20_H__
#define __DS18B20_H__


/* ----------------------------------------- */
#define uchar unsigned char
#define uint unsigned int
#define delay_3us _nop_();_nop_();_nop_()
/* ----------------------------------------- */
sbit DQ = P3^4;//DS18B20


//###############################################
//函数名称:init_ds18b20()初始化函数
//函数功能:主机发送初始化信号(低电平)480μs,然后检测 DS18B20 的存在信号
//         在 220μs 的时间里检测到存在信号则返回 1 否则返回 0
//         总时间不少于(480 +480)μs
//         初始化成功返回 1
//         初始化失败返回 0
//###############################################
bit init_ds18b20(void)
{
    uchar j;
    DQ = 1;                //总线初始状态;sbit DQ = P3^4; DS18B20 的数据端口
```

```
    DQ = 0;              //启动总线
    j = 250;
    while(--j);          //延时 500μs,初始化信号
    DQ = 1;              //释放总线,之后检测存在信号
    j = 40;
    while(--j);          //延时 80μs
j = 110;                 //检测低电平(存在信号),如 220μs 时间里检测不到则初始化失败返回 0
    while(DQ! = 0)       //初始化失败
    {
        j--;             //调整检测时间
        if(! j)          //检测时间到
            return 0;    //失败返回 0
    }
    j = 250;             //延时 500μs,满足初始化时序
    while(--j);
    return 1;            //返回 1
}


//########################################################
//函数名称:wtbyte_ds18b20(uchar wdat);写一个字节
//########################################################
void wtbyte_ds18b20(uchar wdat)
{
    uchar i,j;
    for (i = 0;i < 8;i ++)
    {
        if(wdat&0x01)            //如果最低位为 1
        {                        //则输出 1
            DQ = 1;
            _nop_();
            DQ = 0;              //启动总线
            delay_3us;           //#define delay_3us _nop_();_nop_();_nop_()
            DQ = 1;              //写 1
            j = 30;
            while(--j);          //等待 60μs 满足写时序
        }
        else                     //如果最低位为 0
        {
            DQ = 1;
            _nop_();
            DQ = 0;              //启动总线
            j = 35;
            while(--j);          //保持 70μs 低电平,写 0 满足时序要求
```

```
            DQ = 1;                   //释放总线
        }
        wdat >> = 1;                  //wdat 右移一位,等待接收下一位
    }
}


//#####################################################
//函数名称:rdbit_ds18b20();读一个位
//函数功能:主机启动总线 3μs 后释放总线,9μs 后采样总线,返回采样值
//          延时 60μs,满足时序要求
//#####################################################
bit rdbit_ds18b20(void)
{
    uchar j;          //定义延时变量
    bit b;            //返回变量暂存
    DQ = 1;
    _nop_();
    DQ = 0;           //启动总线
    delay_3us;
    DQ = 1;           //释放总线
    delay_3us;
    delay_3us;
    delay_3us;
    if(DQ)            //延时 9μs 后采样
        b = 1;
    else
        b = 0;
    j = 30;
    while(--j);       //延时满足时序
    return b;         //返回采样值
}
//########################################################
//函数名称:rdbyte_ds18b20()主机读一个字节
//########################################################
uchar rdbyte_ds18b20(void)
{
    uchar i,dat;
    for(dat = 0,i = 0;i < 8;i ++)
    {
        dat >> = 1;                   //右移一位
        if(rdbit_ds18b20())           //如果读取的为 1
            dat |= 0x80;              //则置位最高位
    }
```

```
        return dat;                    //返回接收数据
    }


    #endif



    #include <intrins.h>
    #include <REGX51.H>
    #include "DS18B20.H"
    #include "DISPLAY.H" //数码管显示头文件

    //#####################################################################
    //函数名称:convter_t(uchar tldat,uchar thdat)温度数值转换函数
    //函数功能:将二进制时间数据转换成十进制保存在字符数组 display_7leds[5]中
    //display_7leds[0]百位 display_7leds[1]十位 display_7leds[2]个位
    display_7leds[3]小数点 display_7leds[4]十分位 display_7leds[5]百分位
    //#####################################################################
    void convter_t(uchar uct_l,uchar uct_h)
    {
        uchar tm_dot,tm;              //存放小数部分
        tm_dot = (uct_l >> 2)&0x03;  //四位二进制小数部分只保留高两位
        uct_h = (uct_h << 4)&0xf0;   //将高位数据左移到最高四位
        tm = uct_h|((uct_l >> 4)&0x0f);  // uct_l 的高四位右移到低四位,同高四位合并成一个字节
        display_7leds[0] = tm/100;   //tm 除 100 取整数部分,得百位数据
        display_7leds[1] = (tm-display_7leds[0]* 100)/10;
    //tm 取十位一下数据除 10 取整数部分,得十位数据
        display_7leds[2] = tm% 10;   //tm 对 10 取余的个位数据
        display_7leds[3] = 17;       //小数点位赋值 17,因为 uc7leds[18]第 10 位为'.'
        tm_dot = tm_dot* 25;         //小数部分高两位的分辨率是 0.25
        display_7leds[4] = tm_dot/10;  //十分位
        display_7leds[5] = tm_dot% 10;  //百分位
    }


    void delay1ms(uint ms)//延时 1ms(不够精确的)
    {  unsigned int i,j;
       for(i = 0;i < ms;i ++ )
       for(j = 0;j < 100;j ++ );
    }


    void main(void)
    {
    while(1)
    {
```

```
uchar uct_l,uct_h;
uct_l = 0;                          //存放温度低字节
uct_h = 0;                          //存放温度高字节
init_ds18b20();                     //初始化 DS18B20
wtbyte_ds18b20(0xcc);               //跳过 ROM 命令
wtbyte_ds18b20(0x44);               //温度转换命令

delay1ms(1);                        //延时 1ms
init_ds18b20();                     //初始化 DS18B20
wtbyte_ds18b20(0xcc);               //跳过 ROM 命令
wtbyte_ds18b20(0xbe);               //读取温度命令

uct_l = rdbyte_ds18b20();           //读低字节
uct_h = rdbyte_ds18b20();           //读高字节
convter_t(uct_l,uct_h);             //转换温度数值
wr7leds();
}
}
```

问题及知识点引入

◇ 什么是单总线通信？

◇ DS18B20 的驱动方式

10.1.1 DS18B20 的引脚及内部结构

1. DS18B20 的封装

DS18B20 的封装采用 TO-92 和 8-Pin SOIC 封装，其外形及引脚排列如图 10-2 所示。

DS18B20 引脚定义如下：

● GND：电源地。

● DQ：数字信号输入/输出端。

● V_{DD}：外接供电电源输入端（在寄生电源接线方式时接地）。

● NC：空引脚。

2. DS18B20 的构成

DS18B20 的内部结构如图 10-3 所示。主要包括：寄生电源、温度灵敏元件、64 位只读存储器 ROM、存放中间数据的高速缓存存储器、非易失性温度报警触发器 TH 和 TL、配置寄存器等部分。

（1）寄生电源。寄生电源由二极管 VD_1、VD_2、寄生电容 C 和电源检测电路组成。电源检测电路用于判定供电方式，DS18B20 有两种供电方式：3~5.5V 的电源供电方式和寄生电源供

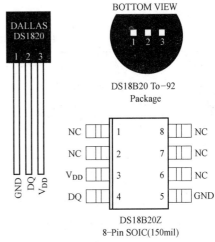

图 10-2 DS18B20 的外形及引脚排列

电方式（直接从数据线获取电源）。寄生电源供电时，V_{DD}端接地，器件从单总线上获取电源。当 I/O 总线呈低电平时，由电容 C 上的电压继续向器件供电。该寄生电源有两个优点：第一，检测远程温度时无需本地电源；第二，缺少正常电源时也能读 ROM。

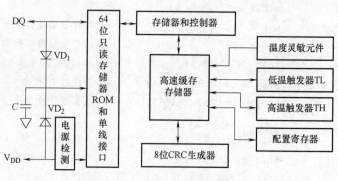

图 10-3　DS18B20 的内部结构

（2）64 位只读存储器（ROM）。ROM 中的 64 位序列号是出厂前被光刻好的，它可以看作是该 DS18B20 的地址序列码。光刻 ROM 的作用是使每一个 DS18B20 都各不相同，这样就可以实现一根总线上挂接多个 DS18B20 的目的。64 位光刻 ROM 序列号的排列是：开始 8 位（28H）是产品类型标号，接着的 48 位是该 DS18B20 自身的序列号，最后 8 位是前面 56 位的循环冗余校验码（CRC = X8 + X5 + X4 + 1）。

（3）温度传感器。DS18B20 中的温度传感器可以完成对温度的测量。DS18B20 的温度测量范围是 −55 ~ +125℃，分辨率的默认值是 12 位。DS18B20 温度采集转化后得到 16 位数据，存储在 DS18B20 的两个 8 位 RAM 中，见表 10-1。高字节的高 5 位 S 代表符号位，如果温度值大于或等于零，符号位为 0；如果温度值小于零，符号位为 1。低字节的第四位是小数部分，中间 7 位是整数部分。DS18B20 温度与数字输出的典型值见表 10-2。

表 10-1　DS18B20 的 16 位数据位定义

低字节	D7	D6	D5	D4	D3	D2	D1	D0
	2^3	2^2	2^1	2^{-0}	2^{-1}	2^{-2}	2^{-3}	2^{-4}
高字节	D15	D14	D13	D12	D11	D10	D9	D8
	S	S	S	S	S	2^6	2^5	2^4

表 10-2　DS18B20 温度与数字输出的典型值

温度	二进制数字输出	16 进制数字输入	温度	二进制数字输出	16 进制数字输入
+ 125℃	0000 0111 1101 0000	07D0H	− 0.5℃	1111 1111 1111 1000	FFF8H
+ 25. 0625℃	0000 0001 1001 0001	0191H	− 25. 0625℃	1111 1110 0110 1111	FE6FH
+ 0. 5℃	0000 0000 0000 1000	0008H	− 55℃	1111 1100 1001 0000	FC90H
0℃	0000 0000 0000 0000	0000H			

（4）内部存储器。DS18B20 温度传感器的内部存储器包括一个高速暂存 RAM 和一个非易失性的可电擦除的 EEPROM，EEPROM 用于存放高温度和低温度触发器 TH、TL，并配置寄存器的内容。高速暂存存储器由 9 个字节组成，DS18B20 的存储器结构如图 10-4 所示。

1）第 0 个和第 1 个字节是测得的温度信息，其中第 0 个字节的内容是温度的低八位，第 1 个字节是温度的高八位。

2）第 2 个和第 3 个字节是 TH 和 TL 的易失性备份，在每一次上电复位时被刷新（从

EEPEOM 中复制到暂存器中)。

3) 第 4 个字节是配置寄存器,每次上电后配置寄存器也会刷新。

4) 第 5、6、7 个字节保留。

5) 第 8 个字节是冗余校验字节。

(5) 配置寄存器。暂存器的第五字节是配置寄存器,可以通过相应的写命令进行配置其内容。配置寄存器位定义见表 10-3。

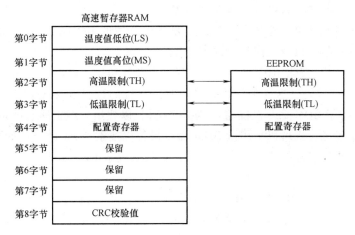

图 10-4 DS18B20 的存储器结构

表 10-3 配置寄存器位定义

D7	D6	D5	D4	D3	D2	D1	D0
TM	R1	R0	1	1	1	1	1

由表 10-3 可知,低五位一直都是 1。TM 是测试模式位,用于设置 DS18B20 在工作模式还是在测试模式。在 DS18B20 出厂时该位被设置为 0,用户不要去改动。R1 和 R0 用来设置 DS18B20 的分辨率,其配置见表 10-4(DS18B20 出厂时被设置为 12 位)。

表 10-4 分辨率配置

R1	R0	分辨率/位	温度最大转换时间/ms	R1	R0	分辨率/位	温度最大转换时间/ms
0	0	9	93.75	1	0	11	375
0	1	10	187.5	1	1	12	750

10.1.2 单总线的操作命令

典型的单总线命令序列如图 10-5 所示。每次访问单总线器件时,必须严格遵守这个命令序列,否则单总线器件不会响应主机。但是,这个准则对于搜索命令和报警搜索命令例外,在执行两者中任何一条命令之后,主机不能执行其后的功能命令,必须返回,从初始化开始。

(1) 初始化。基于单总线上的所有传输过程都是以初始化开始的,初始化过程由主机发出的复位脉冲和从机响应的应答脉冲组成。应答脉冲使主机知道总线上有从机设备,且准备就绪。复位和应答脉冲的时间详见下节单总线数据通信协议部分。

(2) ROM 操作命令。在主机检测到应答脉冲后,就可以发出 ROM 命令。这些命令允许主机在单总线上连接多个从机设备时,指定操作某个从机设备,与各个从机设备的唯一 64 位 ROM 代码相关。这些命令还允许主机能够检测到总线上有多少个从机设备以及其设备类型,或者有无设备处于报警状

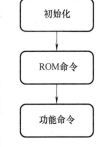

图 10-5 典型的单总线命令序列

态。从机设备可能支持 5 种 ROM 命令（实际情况与具体型号有关），每种命令长度为 8 位，主机在发出功能命令之前，必须送出合适的 ROM 命令。下面将简要地介绍各个 ROM 命令的功能，以及在何种情况下使用。

1）搜索 ROM［F0h］命令。当系统初始上电时，主机必须找出总线上所有从机设备的 ROM 代码，这样主机就能够判断出从机的数目和类型。主机通过重复执行搜索 ROM 循环（搜索 ROM 命令跟随着位数据交换），以找出总线上所有的从机设备。如果总线只有一个从机设备，则可以采用读 ROM 命令来替代搜索 ROM 命令。如要详细了解搜索 ROM 命令，可以查阅单总线协议资料。在每次执行完搜索 ROM 循环后，主机必须返回至命令序列的第一步（初始化）。

2）读 ROM［33h］命令（仅适合于单节点）。该命令仅适用于总线上只有一个从机设备，它允许主机直接读出从机的 64 位 ROM 代码，而无须执行搜索 ROM 过程。如果该命令用于多节点系统，则必然发生数据冲突，因为每个从机设备都会响应该命令。

3）匹配 ROM［55h］命令。匹配 ROM 命令跟随 64 位 ROM 代码，从而允许主机访问多节点系统中某个指定的从机设备。仅当从机完全匹配 64 位 ROM 代码时，才会响应主机随后发出的功能命令，其他设备将处于等待复位脉冲状态。

4）跳越 ROM［CCh］命令（仅适合于单节点）。主机能够采用该命令同时访问总线上的所有从机设备，而无须发出任何 ROM 代码信息。例如，主机通过在发出跳越 ROM 命令后跟随转换温度命令［44h］，就可以同时命令总线上所有的 DS18B20 开始转换温度，这样大大节省了主机的时间。值得注意，如果跳越 ROM 命令跟随的是读暂存器［BEh］的命令（包括其他读操作命令），则该命令只能应用于单节点系统，否则将由于多个节点都响应该命令而引起数据冲突。

5）报警搜索［ECh］命令（仅少数 1-wire 器件支持）。除那些设置了报警标志的从机响应外，该命令的工作方式完全等同于搜索 ROM 命令。该命令允许主机设备判断那些从机设备发生了报警（如最近的测量温度过高或过低等），同搜索 ROM 命令一样，在完成报警搜索循环后，主机必须返回至命令序列的第一步。

（3）功能命令。在主机发出 ROM 命令，以访问某个指定的 DS18B20，接着就可以发出 DS18B20 支持的某个功能命令。这些命令允许主机写入或读出 DS18B20 暂存器、启动温度转换以及判断从机的供电方式。DS18B20 功能命令见表 10-5。

表 10-5　DS18B20 功能命令

命　　令	描　　述	命令代码	发送命令后,单总线响应	备注
温度转换命令				
温度转换	启动温度转换	44H	读温度状态	1
存储器命令				
读暂存器	读暂存器的 9 个字节,包括 CRC 字节	BEH	读数据直到第 9 个字节至主机	
写暂存器	把字节写入暂存器 TH、TL 和配置寄存器	4EH	写两个字到地址 2、3 和 4	
复制暂存器	将暂存器 TH、TL 和配置寄存器的字节复制到 EEPROM	48H	读复制状态	2
回读 EEPROM	把 EEPROM 中的值读回暂存器	B8H	读温度忙状态	

注意:

● 在温度转换和复制暂存器数据至 EEPROM 期间,主机必须在单总线上允许强上拉。并且在此期间,总线上不能进行其他数据传输。

● 通过发出复位脉冲,主机能够在任何时候中断数据传输。

● 在复位脉冲发出前,必须写入全部的 3 个字节。

10.1.3 单总线的通信协议及时序

所有的单总线器件要求采用严格的通信协议以保证数据的完整性。该协议定义了几种信号类型:复位脉冲、应答脉冲序列;写 0、写 1;读 0、读 1。所有这些信号,除了应答脉冲以外,都由主机发出同步信号,并且发送所有的命令和数据都是字节的低位在前,这一点与多数串行通信格式不同(多数为字节的高位在前)。

1. 初始化序列——复位和应答脉冲(init_ ds18b20 ( ) 初始化函数)

单总线上的所有通信都是以初始化序列开始。主机通过拉低单线 480μs 以上,产生复位脉冲,然后释放该线,进入 Rx 接收模式。主机释放总线时,4.7kΩ 的电阻将单总线拉高,产生一个上升沿。单线器件 DS18B20 检测到该上升沿后,延时 15 ~ 60μs,DS18B20 通过拉低总线 60 ~ 240μs 来产生应答脉冲。主机接收到从机的应答脉冲后,说明有单线器件在线。单总线初始化脉冲时序如图 10-6 所示。

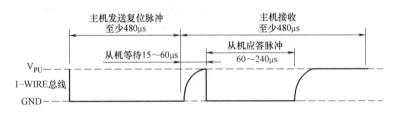

图 10-6 单总线初始化脉冲时序图

2. 写时隙(wtbyte_ ds18b20 (uchar wdat) 写一个字节函数)

当主机将单总线 DQ 从逻辑高(空闲状态)拉为逻辑低时,即启动一个写时隙。存在两种写时隙:"写 1"和"写 0"。主机采用写 1 时隙向从机写入 1,采用写 0 时隙向从机写入 0。所有写时隙至少需要 60μs,且在两次独立的写时隙之间至少需要 1μs 的恢复时间。两种写时隙均起始于主机拉低总线,如图 10-7 所示。产生写 1 时隙的方式为主机在拉低总线后,接着必须在 15μs 之内释放总线(向总线写 1),由 4.7kΩ 上拉电阻将总线拉至高电平;而产生写 0 时隙的方式:在主机拉低总线后,只需在整个时隙期间保持低电平即可(至少 60μs)。

在写时隙起始后 15 ~ 60μs 期间,单总线器件采样总线电平状态。如果在此期间采样为高电平,则逻辑 1 被写入该器件;如果为低电平,则写入逻辑 0。

3. 读时隙(rdbyte_ ds18b20 ( ) 主机读一个字节函数)

总线器件仅在主机发出读时隙时,才向主机传输数据,所以,在主机发出读数据命令后,必须马上产生读时隙,以便从机能够传输数据。所有读时隙至少需要 60μs,且在两次独立的读时隙之间至少需要 1μs 的恢复时间。每个读时隙都由主机发起,至少拉低总线 1μs,如图 10-8 所示。在主机发起读时隙之后,单总线器件才开始在总线上发送 0 或 1。若

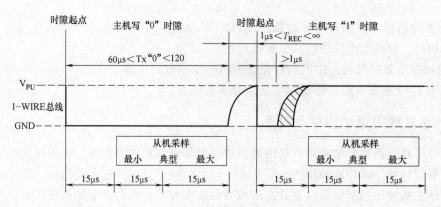

图 10-7　写时隙

从机发送 1，则保持总线为高电平；若发送 0，则拉低总线。当发送 0 时，从机在该时隙结束后释放总线（向总线写 1），由上拉电阻将总线拉回至空闲高电平状态。从机发出的数据在起始时隙之后，保持有效时间 15μs，因此主机在读时隙期间必须先释放总线，并且在时隙起始后的 15μs 之内采样总线状态。

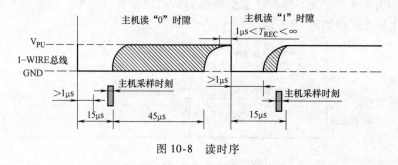

图 10-8　读时序

任务 10.2　液晶显示模块

1. 工作任务描述

编程使 LCD 显示器的第 1 行、第 4 列开始显示 "Welcome to"，第二行、第 6 列开始显示 "sdut university"。

2. 工作任务分析

本任务通过 LCD1602 液晶显示模块实现对以上信息的显示，这里主要是要引导同学学习 LCD1602 液晶显示模块的驱动方法。

3. 工作步骤

步骤一：画出液晶显示系统的硬件原理图。

步骤二：打开集成开发环境，建立一个新的工程。

步骤三：编写程序，编译生成目标文件。

步骤四：下载调试。

4. 工作任务设计方案及实施

LCD1602 与 80C51 单片机的接口原理如图 10-9 所示，图中 LCD1602 的数据线与单片机的 P0 口相连，RS 与单片机的 P2.7 相连，R/W 与单片机的 P2.6 相连。

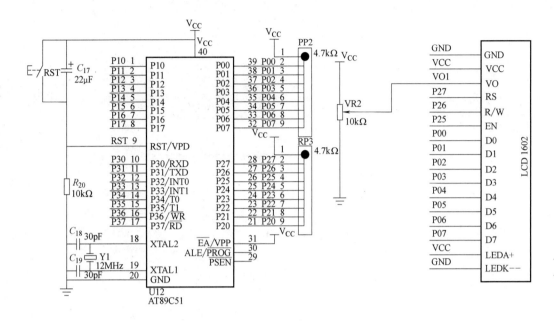

图 10-9　LCD1602 与 80C51 单片机的接口原理

程序示例如下：

```
#include <reg52.h>
#include <intrins.h>

typedef unsigned char uchar;
typedef unsigned int uint;

sbit rs = P2^7;  //寄存器选择信号,高表示数据、低表示指令
sbit rw = P2^6;  //读写控制信号,高表示读、低表示写
sbit ep = P2^5;  //片选使能信号。下降沿触发
uchar code dis1[] = {"  Welcome to    "};  //每行最多显示 16 个字符
uchar code dis2[] = {"sdut university "};
// ============================================================
// 延时子程序
// ============================================================
void delay(uchar ms)
{
 uchar i;
 while(ms--)
 {
  for(i = 0;i < 250;i ++ )
  {
```

```
    _nop_();
    _nop_();
    _nop_();
    _nop_();
    }
  }
}
// ============================================================
// 测试 LCD1602 忙碌状态
// ============================================================
bit lcd_bz()
{
 bit result;
 rs=0;//指令
 rw=1;//读
 ep=1;//使能
 _nop_();
 _nop_();
 _nop_();
 _nop_();
/*******************************************************
读忙标志和地址计数器 ACC 的值
P0 口如果等于 0X80,则说明不忙碌,(数据总线的高位为 1)
*******************************************************/
 result = (bit)(P0 & 0x80);
 ep=0;                      //使能端下降沿触发
 return result;
}
// ============================================================
// 写入指令数据到 LCD1602
// ============================================================
void lcd_wcmd(uchar cmd)
{
 while(lcd_bz());
 rs=0;
 rw=0;
 ep=0;                      //下降沿
 _nop_();
 _nop_();
 P0=cmd;                    //写指令数据,已经定义" uchar cmd"
 _nop_();
 _nop_();
 _nop_();
```

```
_nop_();
ep=1;                    //使能端置高电平
_nop_();
_nop_();
_nop_();
_nop_();
ep=0;                    //使能端置低电平
}
// ================================================
//设定显示位置
// ================================================
lcd_pos(uchar pos)
{
lcd_wcmd(pos |0x80);
}
// ================================================
//写入字符显示数据到 LCD1602
// ================================================
void lcd_wdat(uchar dat)
{
while(lcd_bz());
rs=1;
rw=0;
ep=0;
P0=dat;                  //写数据,已经定义"uchar dat"
delay(80);
_nop_();_nop_();_nop_();_nop_();
ep=1;                    //使能端置高电平
_nop_();_nop_();_nop_(); _nop_();
ep=0;                    //使能端置低电平
}
// ====================================================
//LCD1602 初始化设定
// ====================================================
lcd_init()
{
lcd_wcmd(0x01);          //清除 LCD1602 的显示内容
delay(1);
lcd_wcmd(0x05);          //光标右滚动
delay(1);
lcd_wcmd(0x38);          //打开显示开关、允许移动位置、允许功能设置
delay(1);
lcd_wcmd(0x0f);          //打开显示开关、设置输入方式
```

```
delay(1);
lcd_wcmd(0x06);        //设置输入方式、光标返回
delay(1);
}
// ============================================================
//主函数
// ============================================================
main()
{
uchar i;
lcd_init();           // 初始化 LCD1602
delay(10);
lcd_pos(0);           // 设置显示位置为第一行的第 1 个字符
i = 0;
while(dis1[i] ! = '\0')
{                     // 显示字符"Welcome to"
lcd_wdat(dis1[i]);
i ++;
}
lcd_pos(0x40);        // 设置显示位置为第二行第 1 个字符
i = 0;
while(dis2[i] ! = '\0')
{
lcd_wdat(dis2[i]); // 显示字符" sdut university "
i ++;
}
while(1);             // 无限循环
}
```

- 问题及知识点引入

◇ 液晶显示模块的接口信号如何定义?
◇ 了解 LCD1602 的操作时序,如何根据时序写出驱动程序?
◇ 掌握液晶显示模块硬件电路的设计
◇ 了解液晶显示屏的相关操作命令
◇ 液晶显示的初始化过程

10.2.1 接口信号说明

LCD1602 字符型液晶模块是用两行 16 个字的 5 × 7 点阵图形来显示字符的液晶显示器,它的外观如图 10-10 所示。

1602 液晶模块采用标准的 16 接口,各引脚情况如下:

第 1 引脚:V_{SS},电源地。

第 2 引脚：V_{DD}，+5V 电源。

第 3 引脚：V_L，液晶显示偏压信号。

第 4 引脚：RS，为数据/命令寄存器选择端，高电平时选择数据寄存器、低电平时选择指令寄存器。

第 5 引脚：R/W，读/写信号选择端，高电平时进行读操作，低电平时进行写操作。当 RS 和 R/W 共同为低电平时可以写入指令或者显示地址；当 RS 为低电平，R/W 为高电平时可以读忙信号；当 RS 为高电平，R/W 为低电平时可以写入数据。

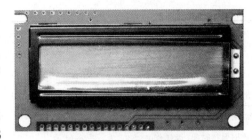

图 10-10 LCD1602 的外观

第 6 引脚：E 端为使能端，当 E 端由高电平跳变成低电平时，液晶模块执行命令。

第 7~14 引脚：D0~D7 为 8 位双向数据线。

第 15 引脚：BLA，背光源正极。

第 16 引脚：BLK，背光源负极。

10.2.2 操作时序说明

（1）读操作时序如图 10-11 所示。

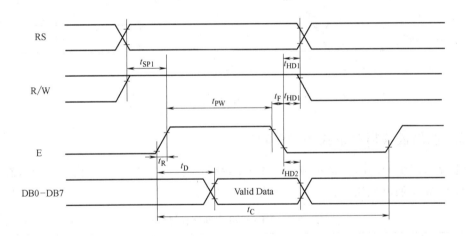

图 10-11 LCD1602 读操作时序

（2）写操作时序如图 10-12 所示。

（3）时序参数见表 10-6。

表 10-6 LCD1602 时序参数

时序参数	符号	极限值			单位	测试条件
		最小值	典型值	最大值		
E 信号周期	t_C	400			ns	
E 脉冲宽度	t_{PW}	150			ns	引脚 E
E 上升沿/下降沿时间	t_R、t_F			25	ns	

（续）

时序参数	符号	极限值			单位	测试条件
		最小值	典型值	最大值		
地址建立时间	t_{SP1}	30			ns	引脚 E、RS、R/W
地址保持时间	t_{HD1}	10			ns	
数据建立时间（读操作）	t_D			100	ns	引脚 DB0-DB7
数据保持时间（读操作）	t_{HD2}	20			ns	
数据建立时间（写操作）	t_{SP2}	40			ns	
数据保持时间（写操作）	t_{HD2}	10			ns	

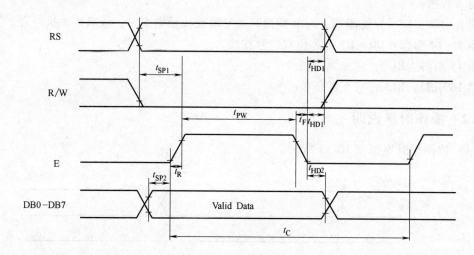

图 10-12　LCD1602 写操作时序

10.2.3　液晶模块指令格式和指令功能

液晶显示模块 LCD1602 的控制器采用 HD44780，控制器 HD44780 内有多个寄存器，通过 RS 和 R/W 引脚共同决定选择哪一个寄存器，见表 10-7。

表 10-7　HD44780 内部寄存器选择

RS	R/W	寄存器及操作	RS	R/W	寄存器及操作
0	0	指令寄存器写入	1	0	数据寄存器写入
0	1	忙标志和地址计数器读出	1	1	数据寄存器读出

总共有 11 条指令，它们的格式和功能如下：

1. 清屏命令

格式如下：

RS	R/W	D7	D6	D5	D4	D3	D2	D1	D0
0	0	0	0	0	0	0	0	0	1

功能：清除屏幕，将显示缓冲区 DDRAM 的内容全部写入空格（20H）。光标回位，回

到显示器的左上角。地址计数器 AC 清零。

2. 光标复位命令

格式如下：

RS	R/W	D7	D6	D5	D4	D3	D2	D1	D0
0	0	0	0	0	0	0	0	1	0

功能：光标复位，回到显示器的左上角。地址计数器 AC 清零。显示缓冲区 DDRAM 的内容不变。

3. 输入方式设置命令

格式如下：

RS	R/W	D7	D6	D5	D4	D3	D2	D1	D0
0	0	0	0	0	0	0	1	I/D	S

功能：设定当写入一个字节后，光标的移动方向以及后面的内容是否移动。当 I/D = 1 时，光标从左到右移动；I/D = 0 时，光标从右到左移动。当 S = 1 时，内容移动；S = 0 时，内容不移动。

4. 显示开关控制命令

格式如下：

RS	R/W	D7	D6	D5	D4	D3	D2	D1	D0
0	0	0	0	0	0	1	D	C	B

功能：控制显示的开关，当 D = 1 时显示；D = 0 时不显示。控制光标开关，当 C = 1 时光标显示；C = 0 时光标不显示。控制字符是否闪烁，当 B = 1 时字符闪烁；B = 0 时字符不闪烁。

5. 光标移位置命令

格式如下：

RS	R/W	D7	D6	D5	D4	D3	D2	D1	D0
0	0	0	0	0	1	S/C	R/L	*	*

功能：移动光标或整个显示字幕移位。当 S/C = 1 时整个显示字幕移位；S/C = 0 时只光标移位。当 R/L = 1 时光标右移，R/L = 0 时光标左移。

6. 功能设置命令

格式如下：

RS	R/W	D7	D6	D5	D4	D3	D2	D1	D0
0	0	0	0	0	DL	N	F	*	*

功能：设置数据位数，当 DL = 1 时数据位为 8 位；DL = 0 时数据位为 4 位。设置显示行数，当 N = 1 时双行显示；N = 0 时单行显示。设置字形大小，当 F = 1 时 5 × 10 点阵；F = 0 时为 5 × 7 点阵。

7. 设置字库 CGRAM 地址命令

格式如下：

RS	R/W	D7	D6	D5	D4	D3	D2	D1	D0
0	0	0	1	CGRAM 的地址					

功能：设置用户自定义 CGRAM 的地址，对用户自定义 CGRAM 访问时要先设定 CGRAM 的地址，地址范围为 0~63。

8. 显示缓冲区 DDRAM 地址设置命令

格式如下：

RS	R/W	D7	D6	D5	D4	D3	D2	D1	D0
0	0	1	DDRAM 的地址						

功能：设置当前显示缓冲区 DDRAM 的地址，对 DDRAM 访问时，要先设定 DDRAM 的地址，地址范围为 0~127。

9. 读忙标志及地址计数器 AC 命令

格式如下：

RS	R/W	D7	D6	D5	D4	D3	D2	D1	D0
0	1	BF	DDRAM 的地址						

功能：读忙标志及地址计数器 AC 命令。当 BF=1 时表示忙，这时不能接收命令和数据；BF=0 时表示不忙。低 7 位为读出的 AC 的地址，值为 0~127。

10. 写 DDRAM 或 CGRAM 命令

格式如下：

RS	R/W	D7	D6	D5	D4	D3	D2	D1	D0
0	1	写入的数据							

功能：向 DDRAM 或 CGRAM 当前位置中写入数据。对 DDRAM 或 CGRAM 写入数据之前需设定 DDR 或 CGRAM 的地址。

11. 读 DDRAM 或 CGRAM 命令

格式如下：

RS	R/W	D7	D6	D5	D4	D3	D2	D1	D0
0	1	读出的数据							

功能：从 DDRAM 或 CGRAM 当前位置中读出数据。当 DDRAM 或 CGRAM 读出数据时，需设定 DDRAM 或 CGRAM 的地址。

10.2.4 液晶显示模块初始化过程

液晶显示模块使用之前必须对它进行初始化，初始化可通过复位完成。也可在复位后完成。初始化过程如下：

（1）清屏。

（2）功能设置。

（3）开/关显示设置。

（4）输入方式设置。

具体操作命令参照 LCD1602 手册。

任务10.3　基于液晶显示的温度测量控制系统设计

1. 工作任务描述

基本功能要求如下：

（1）具备温度测量功能，并利用液晶显示器显示出来。

（2）可以利用按键设定温度的上下限，并有报警提示。

2. 工作任务分析

本任务是任务 1 和任务 2 基本功能的组合，在测量、显示的基础上增加了控制和报警功能。主要目的是通过本项目的设计加强学生对知识的综合运用能力。

3. 工作步骤

步骤一：画出温度测控系统的硬件原理图。

步骤二：打开集成开发环境，建立一个新的工程。

步骤三：编写程序，编译生成目标文件。

4. 工作任务设计方案及实施

程序示例如下：

```
/******************************************************************
名称:单点温度测量显示控制系统
功能:上电,液晶显示当前温度和最高最低报警温度,当当前温度超过最高温度或者低于最低温度时蜂
鸣器工作实现报警功能。当温度恢复到最高、最低报警温度之间时,报警停止。当按下 key1 键,光标指向最
高温度,此时按下 key2、key3 键可以调高或调低最高报警温度。再次按下按键 key1 时,光标跳向最低报警
温度,同理按下 key2、key3 键可以调高或者调低最低报警温度。第三次按下 key1 键可跳回显示当前温度
状态
******************************************************************/
#include < reg52. h >
#include < intrins. h >

#define unsigned char uchar;
#define unsigned int uint;

//LCD1602 与单片机的接口线路
sbit rs = P2^7;        //寄存器选择信号。高表示数据,低表示指令
sbit rw = P2^6;        //读写控制信号。高表示读,低表示写
sbit en = P2^5;        //片选使能信号。下降沿触发

sbit key1 = P1^5;
sbit key2 = P1^6;
```

```
sbit key3 = P1^7;
sbit key4 = P3^3;
sbit bemp = P3^5;      //蜂鸣器
sbit DQ = P3^4;        //DS18B20

uint t,temp,HBJtemp,LBJtemp;
uchar key11,key22;
uchar a,b,c;
/**********以下为 DS18B20 初始化相关函数***************/
/* 12MHz 晶振,一次 6μs,加进入退出 14μs(8MHz 晶振,一次 9μs)* /
void delayus(unsigned char i)
{
    while(i--);
}
//###########################################
Init_DS18B20(void) //初始化函数
{
DQ = 1;      //DQ 复位
 delayus(8);   //稍做延时
 DQ = 0;      //单片机将 DQ 拉低
 delayus(80);    //精确延时大于 480μs
 DQ = 1;      //拉高总线
 delayus(14);
 //x = DQ;        //稍做延时后 如果 x = 0 则初始化成功,x = 1 则初始化失败
 delayus(20);
}
//###########################################
ReadOneChar(void) //读一个字节
{
unsigned char i;
unsigned char dat;
for (i = 8;i > 0;i--)
  {
     DQ = 0; // 给脉冲信号
     dat >> = 1;
     DQ = 1; // 给脉冲信号
     if(DQ)
      dat |= 0x80;
     delayus(4);
  }
  return(dat);
}
//###########################################
```

```
WriteOneChar(unsigned char dat) //写一个字节
{
    unsigned char i;
    for (i = 8; i > 0; i--)
    {
    DQ = 0;
    DQ = dat&0x01;
    delayus(5);
    DQ = 1;
    dat >> = 1;
    }
delayus(4);
}
//###########################################
ReadTemperature(void) //读取温度
{
    unsigned char a ,b;
    Init_DS18B20();
    WriteOneChar(0xCC); // 跳过读序号列号的操作,发送指令 0xCC
    WriteOneChar(0x44); // 启动温度转换,发送指令 0x44
    Init_DS18B20();
    WriteOneChar(0xCC); //跳过读序号列号的操作
    WriteOneChar(0xBE); //读取温度寄存器
    a = ReadOneChar();   //读取温度值低位
    b = ReadOneChar();   //读取温度值高位
    t = b;
    t <<= 8;         //值左移 8 位
    t = t |a;        //合并高低位数值
    t = t* (0.625); //温度扩大 10 倍,精确到 1 位小数
    return(t);
}
/************以下为 LCD 向相关函数************************/
void delayms(uchar n)// 延时程序
{
    uchar x;
    for(;n > 0;n - -)
    for(x = 0;x < 125;x ++ );
}
//###########################################
bit lcd_bz()// 测试 LCD 忙碌状态
{
    bit result;
    rs = 0;//指令
```

```
    rw=1;//读
    ep=1;//使能
    _nop_();
    _nop_();
    _nop_();
    _nop_();
  result=(bit)(P0 & 0x80);
    ep=0;                    //使能端下降沿触发
    return result;
}
//############################################
void write_com(uchar com)//写指令
{
    rw=0;
    rs=0;
    P0=com;
    en=1;
    delayms(1);
    en=0;
}
//############################################
void write_data(uchar dat)//写数据
{
    rw=0;
    rs=1;
    P0=dat;
    en=1;
    delayms(1);
    en=0;
}
//############################################
void LCD_display(uchar line,uchar row,uchar dat)//LCD 显示
{
    switch(line)
    {
        case 0:line=0x80;break;
        case 1:line= 0x80+0x40;break;
    }
    switch(dat)
    {
        case 0:dat=0x30;break;
        case 1:dat=0x31;break;
        case 2:dat=0x32;break;
```

```
        case 3:dat=0x33;break;
        case 4:dat=0x34;break;
        case 5:dat=0x35;break;
        case 6:dat=0x36;break;
        case 7:dat=0x37;break;
        case 8:dat=0x38;break;
        case 9:dat=0x39;break;
        default:break;
    }
    write_com(line+row);
    write_data(dat);
}
//##########################################
lcd_init()//LCD初始化设定
{
    write_com(0x01);        //清除LCD的显示内容
    write_com(0x05);        //光标右滚动
    write_com(0x38);        //打开显示开关,允许移动位置,允许功能设置
    write_com(0x0c);        //打开显示开关,设置输入方式
    write_com(0x06);        //设置输入方式,光标返回

    LCD_display(0,0,'T');
    LCD_display(0,1,'E');
    LCD_display(0,2,'M');
    LCD_display(0,3,'P');
    LCD_display(0,4,':');
    LCD_display(1,0,'H');
    LCD_display(1,1,'I');
    LCD_display(1,2,'G');
    LCD_display(1,3,'H');
    LCD_display(1,4,':');
    LCD_display(1,5,'2');
    LCD_display(1,6,'5');
    LCD_display(1,10,'L');
    LCD_display(1,11,'O');
    LCD_display(1,12,'W');
    LCD_display(1,13,':');
    LCD_display(1,14,'1');
    LCD_display(1,15,'0');
}
//##########################################
void XYdisplaytemp(uint i)  //液晶显示DS18B20温度
```

```
{
    uint a,b,c;
    a = i% 1000/100; //十位
    b = i% 100/10; //个位
    c = i% 10;//小数位
    // = = = = = = = = =检测警报温度
    if((a* 10 + b) > HBJtemp||(a* 10 + b) < LBJtemp||((a* 10 + b) = = HBJtemp&&c! = 0))
        {
            bemp = 0;
        }
    else bemp = 1;

    LCD_display(0,7,a);
    LCD_display(0,8,b);
    LCD_display(0,9,'. ');
    LCD_display(0,10,c);
    LCD_display(0,11,0xdf);
    LCD_display(0,12,'C');
}
//###########################################
void XYdisplayBJ()//显示调整警报温度
{
    if(1 = = key11)
    {   c = a;
        a = HBJtemp% 100/10;//十位
        b = HBJtemp% 10;    //个位
        LCD_display(1,6,b);
        if(c < a){LCD_display(1,5,a);}
    }
    if(2 = = key11)
    {   c = a;
        a = LBJtemp% 100/10;//十位
        b = LBJtemp% 10;     //个位
        LCD_display(1,15,b);
        if(c > a){LCD_display(1,14,a);}
    }
}
//###########################################
void scankey()//按键扫描

{
    if(0 = = key1)
    {
```

```
            delayms(5);
            if(0 == key1)
            while(! key1);
            key11 ++ ;
            if(3 == key11) key11 = 0;
        }
    if(0 == key2)            //报警温度加1
    {
            delayms(5);
            if(0 == key2)
            while(! key2);
            if(1 == key11) HBJtemp ++ ;
            if(2 == key11) LBJtemp ++ ;
    }
    if(0 == key3)            //报警温度减1
    {
            delayms(5);
            if(0 == key3)
            while(! key3);
            if(1 == key11) HBJtemp-- ;
            if(2 == key11) LBJtemp-- ;
    }
}
//############################################
scankeyresult() //检测按键扫描结果
{
    switch(key11)
    {
        case 1:write_com(0x0e);XYdisplayBJ();write_com(0x0c);
                break;  //显示指针,并跳到调整高温报警温度
        case 2:write_com(0x0e);XYdisplayBJ();write_com(0x0c);
                break;   //显示指针,并跳到调整低温报警温度
        case 0:write_com(0x0c);
                break;
    }
}
//############################################
void main() //主程序

{
    HBJtemp = 25;
    LBJtemp = 10;
    key11 = 0;
```

```
    lcd_init();
    while(1)
    {
    scankey();      //按键扫描
    scankeyresult();   //处理按键扫描结果
    if(0 = = key11)
    {

        temp = ReadTemperature();      //读取温度
        XYdisplaytemp(temp);        //液晶显示温度

    }
  }
}
```

项目11 基于MSP430单片机的交通灯控制系统设计

交通安全关系着每个人的生命，对于最易发生交通事故和拥堵十字路口，一个好的交通灯控制系统，能有效地缓解交通拥挤，实现违章控制以确保行人的人身安全。基于 MSP430 单片机的交通灯控制系统是以 MSP430F146 为控制核心，由 LED 显示和驱动电路等构成。

- **项目目标与要求**

  ◇ 熟悉 MSP430 系列单片机
  ◇ 掌握 MSP430 单片机 I/O 的基本配置
  ◇ 掌握交通灯系统电路的设计，画出电路原理图
  ◇ 掌握 MSP430 单片机的定时器设置
  ◇ 编写驱动程序

- **项目工作任务**

  ◇ 在最小系统的基础上，设计交通灯电路原理图
  ◇ 建立软件开发环境，编写控制程序，并编译生成目标文件
  ◇ 下载到开发板，调试通过

任务 11.1 简单的交通灯

1. 工作任务描述

设计出能够点亮交通灯的基本电路，并编写程序实现亮灭显示的交通灯。

2. 工作任务分析

交通灯由南北东西 4 个方向的红黄绿共 12 个小灯组成，采用共阳极接法，需要 12 根 I/O 口线，而 MSP430 系列单片机 I/O 口资源丰富，所以可以将每个小灯的阴极接到一个端口上。

3. 工作步骤

步骤一：设计合理的交通灯显示电路。

步骤二：了解单片机端口的输入输出控制方式，掌握相关外围芯片的硬件连接方式和软件驱动方式。

步骤三：打开集成开发环境，建立一个新的工程。

步骤四：编写控制程序，编译生成目标文件。

步骤五：下载调试。

4. 工作任务设计方案及实施

交通灯显示电路如图 11-1 所示，发光二极管的正极都接到 V_{CC}，阴极从 D0 ~ D5 分别接到 MSP430 单片机的 P50 ~ P55 引脚上。

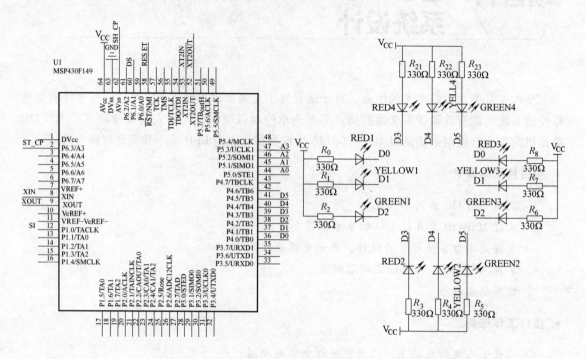

图 11-1 交通灯显示电路

程序示例：

```
#include <msp430x14x.h>

//12 个 LED 灯,连接在 P4 口
#define LED12DIR         P4DIR
#define LED12            P4OUT

//延时函数
#define CPU_F ((double)8000000)   //外部高频晶振 8MHz
#define delay_ms(x) __delay_cycles((long)(CPU_F* (double)x/1000.0))

#define uchar unsigned char
#define uint  unsigned int

//MSP430 看门狗初始化
void WDT_Init()
{
WDTCTL = WDTPW + WDTHOLD;         //关闭看门狗
```

```
    }

//系统时钟初始化,外部 8MHz 晶振
void Clock_Init()
{
    uchar i;
    BCSCTL1 &= ~ XT2OFF;                 //打开 XT2 振荡器
    BCSCTL2 |= SELM1 + SELS;              //MCLK 为 8MHz,SMCLK 为 8MHz
    do{
        IFG1 &= ~ OFIFG;                 //清楚振荡器错误标志
        for(i = 0;i < 100;i ++)
            _NOP();
    }
    while((IFG1&OFIFG)! = 0);            //如果标志位为 1,则继续循环等待
    IFG1 &= ~ OFIFG;
}


//          MSP430 IO 口初始化
void Port_Init()
{
    LED12DIR = 0xFF;                    //设置 I/O 口方向为输出
    LED12 = 0xFF;                       //初始设置为 00
}



//          交通灯显示
void LED_Runing(uchar NUM)
{
    switch(NUM)
    {
        case 0:
            LED12 &= ~ (1 << 0);   //点亮 RED1 灯
            LED12 &= ~ (1 << 5);   //点亮 GREEN2 灯
        break;
        case 1:
            LED12 &= ~ (1 << 1);   //点亮 YELLOW1 灯
            LED12 &= ~ (1 << 4);   //点亮 YELLOW2 灯
            break;
        case 2:
            LED12 &= ~ (1 << 2);//点亮 GREEN1 灯
            LED12 &= ~ (1 << 3);//点亮 RED2 灯
            break;
        default:
```

```
        LED12 = 0xFF;      //关闭所有的 LED 灯
        break;
    }
}


//      主程序
void main(void)
{
  uchar count;
  WDT_Init();                    //看门狗初始化
  Clock_Init();                  //时钟初始化
  Port_Init();                   //端口初始化,用于控制 I/O 口输入或输出
  while(1)
  {
    LED12 = 0xFF;
    LED_Runing(count% 3);
    count ++ ;
    delay_ms(1500);
  }
}
```

● 问题及知识点引入

◇ MSP430 单片机结构是怎样,有什么特点?

◇ MSP430 时钟系统结构与原理?

◇ I/O 口如何配置?

11.1.1 MSP430 单片机特点及结构原理

MSP430 系列单片机是 TI 公司 1996 年开始推向市场的一种 16 位超低功耗的混合信号处理器(Mixed Signal Pocessor)。之所以称为混合信号处理器,主要是由于其针对实际应用需求,把许多模拟电路、数字电路和微处理器集成在一个芯片上,以提供“单片”解决方案。与其他单片机相比,MSP430 系列具有超低功耗、强大的处理能力、系统工作稳定和方便高效的开发环境等特点。图 11-2 所示为 MSP430F149 引脚,表 11-1 为 MSP430F149 的引脚定义。

表 11-1 MSP430F149 引脚定义

引脚名称	编号	I/O	描　述
AV_{CC}	64		模拟电源电压,正端,提供模拟部分模拟数字的变换器
AV_{SS}	62		模拟电源电压,负极,提供模拟部分模拟数字的变换器
DV_{CC}	1		数字电源电压,正端,供应所有数字部分
DV_{SS}	63		数字电源电压,负极,供应所有数字部分
P1. 0/TACLK	12	I/O	通用数字 I/O 引脚/Timer_A,时钟输入信号 TACLK 输入

（续）

引脚名称	编号	I/O	描　　述
P1.1/TA0	13	I/O	通用数字 I/O 引脚/Timer_A,捕捉:CCI0A 输入,比较:OUT0 的输出/BSL 传输
P1.2/TA1	14	I/O	通用数字 I/O 引脚/Timer_A,捕捉:CCI1A 输入,比较:输出 1 输出
P1.3/TA2	15	I/O	通用数字 I/O 引脚/,Timer_A 捕捉:CCI2A 输入,比较:OUT2 的输出
P1.4/SMCLK	16	I/O	通用数字 I/O 引脚/SMCLK 信号输出
P1.5/TA0	17	I/O	通用数字 I/O 引脚/Timer_A,比较:OUT0 的输出
P1.6/TA1	18	I/O	通用数字 I/O 引脚/Timer_A,比较:输出 1 输出
P1.7/TA2	19	I/O	通用数字 I/O 引脚/Timer_A,比较:OUT2 的输出
P2.0/ACLK	20	I/O	通用数字 I/O 引脚/ACLK 输出
P2.1/TAINCLK	21	I/O	通用数字 I/O 引脚/Timer_A,时钟信号 INCLK
P2.2/CAOUT/TA0	22	I/O	通用数字 I/O 引脚/Timer_A,捕捉:CCI0B 输入/比较器输出/BSL 接收
P2.3/CA0/TA1	23	I/O	通用数字 I/O 引脚/Timer_A,比较:输出 1 输出/比较器输入
P2.4/CA1/TA2	24	I/O	通用数字 I/O 引脚/Timer_A,比较:OUT2 的输出/比较器输入
P2.5/R$_{OSC}$	25	I/O	通用数字 I/O 引脚/定义 DCO 标称频率的外部电阻输入
P2.6/ADC12CLK	26	I/O	通用数字 I/O 引脚/转换时钟-12 位 ADC
P2.7/TA0	27	I/O	通用数字 I/O 引脚/Timer_A,比较:OUT0 的输出
P3.0/STE0	28	I/O	通用数字 I/O 引脚/从发送使能 -USART0/SPI 模式
P3.1/SIMO0	29	I/O	通用数字 I/O 引脚/USART0/SPI 方式的从输入/主输出
P3.2/SOMI0	30	I/O	通用数字 I/O 引脚/USART0/SPI 方式的从输出/主输入
P3.3/UCLK0	31	I/O	通用数字 I/O/USART0 时钟:外部输入 -UART 或 SPI 模式下,输出 -SPI 模式
P3.4/UTXD0	32	I/O	通用数字 I/O 引脚/发送数据输出 -USART0/UART 模式
P3.5/URXD0	33	I/O	通用数字 I/O 引脚/接收数据 -USART0/UART 模式
P3.6/UTXD1	34	I/O	通用数字 I/O 引脚/发送数据输出 -USART1/UART 模式
P3.7/URXD1	35	I/O	通用数字 I/O 引脚/接收数据 -USART1/UART 模式
P4.0/TB0	36	I/O	通用数字 I/O 引脚/Timer_B,捕捉:CCI0A 或 CCI0B 输入,比较:OUT0 的输出
P4.1/TB1	37	I/O	通用数字 I/O 引脚/Timer_B,捕捉:CCI1A 或 CCI1B 输入,比较:OUT1 输出
P4.2/TB2	38	I/O	通用数字 I/O 引脚/Timer_B,捕捉:CCI2A 或 CCI2B 输入,比较:OUT2 的输出
P4.3/TB3	39	I/O	通用数字 I/O 引脚/Timer_B,捕捉:CCI3A 或 CCI3B 输入,比较:OUT3 输出
P4.4/TB4	40	I/O	通用数字 I/O 引脚/Timer_B,捕捉:CCI4A 或 CCI4B 输入,比较:OUT4 输出
P4.5/TB5	41	I/O	通用数字 I/O 引脚/Timer_B,捕捉:CCI5A 或 CCI5B 输入,比较:OUT5 输出
P4.6/TB6	42	I/O	通用数字 I/O 引脚/Timer_B,捕捉:CCI6A 或 CCI6B 输入,比较:OUT6 输出
P4.7/TBCLK	43	I/O	通用数字 I/O 引脚/Timer_B,时钟输入信号 TBCLK
P5.0/STE1	44	I/O	通用数字 I/O 引脚/从发送使能 -USART1/SPI 模式
P5.1/SIMO1	45	I/O	通用数字 I/O 引脚/从入主出 USART1/SPI 模式
P5.2/SOMI1	46	I/O	通用数字 USART1/SPI 方式的从输出/主输入
P5.3/UCLK1	47	I/O	通用数字 I/O 外部时钟输入 USART1/UART 或 SPI 方式,时钟输出 US-ART1/SPI 方式
P5.4/MCLK	48	I/O	通用数字 I/O 引脚/主系统时钟 MCLK 输出
P5.5/SMCLK	49	I/O	通用数字 I/O 引脚/次主系统时钟 SMCLK 输出
P5.6/ACLK	50	I/O	通用数字 I/O 引脚/辅助时钟 ACLK 输出

（续）

引脚名称	编号	I/O	描 述
P5.7/TBOUTH	51	I/O	通用数字 I/O 引脚/切换所有 PWM 数字输出端口到高阻抗 - Timer_B7TB0 ~ TB6
P6.0/A0	59	I/O	通用数字 I/O 引脚/模拟输入 a0-12 位 ADC
P6.1/A1	60	I/O	通用数字 I/O 引脚/模拟输入 a1-12 位 ADC
P6.2/A2	61	I/O	通用数字 I/O 引脚/模拟输入 a2 -12 位 ADC
P6.3/A3	2	I/O	通用数字 I/O 引脚/模拟输入 a3 -12 位 ADC
P6.4/A4	3	I/O	通用数字 I/O 引脚/模拟输入 a4 -12 位 ADC
P6.5/A5	4	I/O	通用数字 I/O 引脚/模拟输入 a5 -12 位 ADC
P6.6/A6	5	I/O	通用数字 I/O 引脚/模拟输入 a6 -12 位 ADC
P6.7/A7	6	I/O	通用数字 I/O 引脚/模拟输入 a7 -12 位 ADC
RST/NMI	58	I	复位输入,不可屏蔽中断输入端口,或者引导装载程序启动(在 Flash 设备)
TCK	57	I	测试时钟,用于器件编程测试和引导装载程序启动(Flash 器件)时钟输入端口
TDI/TCLK	55	I	测试数据输入或测试时钟输入,该设备保护用熔丝连接到的 TDI/TCLK 的
TDO/TDI	54	I/O	测试数据输出端口,TDO/TDI 的数据输出或编程数据输入端子
TMS	56	I	选择测试模式,用作一个器件的编程和测试输入端口
Ve$_{REF+}$	10	I/O	ADC 外部参考电压输入
V$_{REF+}$	7	O	ADC 输内参考电压正端输出
V$_{REF-}$/Ve$_{REF-}$	11	O	内部 ADC 参考电压和外部施加的 ADC 参考电压负端
XIN	8	I	晶体振荡器 XT1 的输入端口,可以连接标准晶体或手表晶体
XOUT/TCLK	9	I/O	晶体振荡器 XT1 的输出端或测试时钟输入
XT2IN	53	I	晶体振荡器 XT2 的输入端口,只能连接标准晶体
XT2OUT	52	O	晶体振荡器 XT2 输出端子

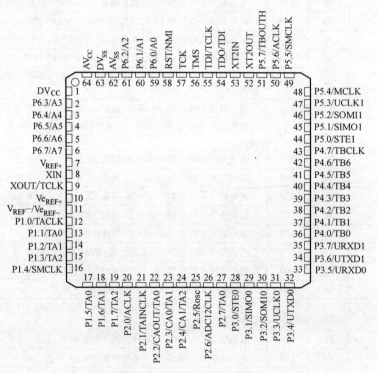

图 11-2　MSP430F149 引脚

11.1.2　MSP430 时钟系统结构与原理

MSP430 单片机的基本时钟系统由高速晶体振荡器（XT2CLK），低速晶体振荡器（LFXT1CLK），数字控制振荡器（DC0CLK）等部件构成。各个振荡器产生的时钟信号可以通过软件的设置分配到辅助时钟（ACLK），主系统时钟（MCLK），子系统时钟（SMCLK）3 路重要的时钟信号通道上。基本时钟系统结构原理如图 11-3 所示。

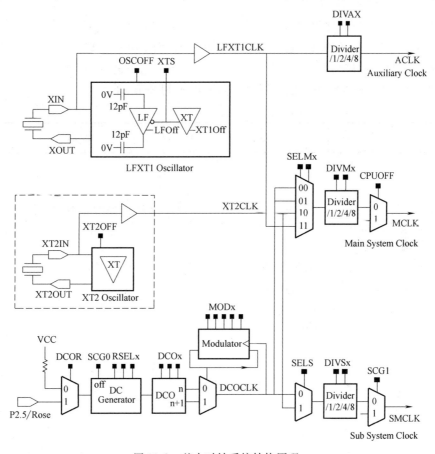

图 11-3　基本时钟系统结构原理

在 MSP430F1XX 系列中，时钟模块的控制由 3 个寄存器来完成：DCOCTL、BCSCTL1 及 BCSCTL2，见表 11-2。

表 11-2　MSP430 基本时钟模块寄存器

寄存器	缩写形式	读写类型	地址	初始状态
DCO 控制寄存器	DCOCTL	读写	56H	60H
基本时钟系统控制寄存器 1	BCSCTL1	读写	57H	84H
基本时钟系统控制寄存器 2	BCSCTL1	读写	58H	复位

（1）DCOCTL。DCO 控制寄存器如图 11-4 所示。

1）DCOx：DCO 频率选择。

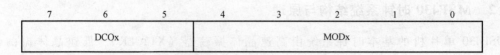

图 11-4　DCO 控制寄存器

用来选择 8 种频率，可分段进行调节 DCOCLK 频率。该频率是建立在 RSELx 选定的频段上。

2）MODx：DAC 调制器设定。

控制切换 DCOx 和 DCOx + 1 选择的两种频率，来微调 DCO 的输出频率。如果 DCOx 常数是 7，表示已经选择最高频率，此时 MODx 失效，不能用来进行频率调整。

（2）BCSCTL1。基本时钟系统控制寄存器 1 如图 11-5 所示。

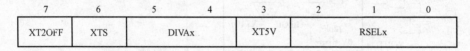

图 11-5　基本时钟系统控制寄存器 1

1）XT2OFF：XT2 高速晶振控制。此位用于控制 XT2 振荡器的开启与关闭。

0：XT2 高速晶振开；

1：XT2 高速晶振关。

2）XTS：LFXT1 高速/低速模式选择。

0：LFXT1 工作在低速晶振模式（默认）；

1：LFXT1 工作在高速晶振模式。

3）DIVAx：ACLK 分频选择。

0：不分频；

1：2 分频；

2：4 分频；

3：8 分频。

4）XT5V：不使用，通常此位复位 XT5V = 0。

5）RSELx：DCO 振荡器的频段选择。此 3 位控制某个内部电阻以决定标称频率。

0：选择最低的标称频率；

7：选择最高的标称频率。

（3）BCSCTL2。基本时钟系统控制寄存器 2 如图 11-6 所示。

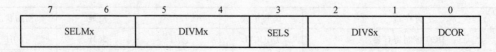

图 11-6　基本时钟系统控制寄存器 2

1）SELMx：选择 MCLK 时钟源。

0：MCLK 时钟源为 DCOCLK（默认）；

1：MCLK 时钟源为 DCOCLK；

2：MCLK 时钟源为 XT2CLK；

3：MCLK 时钟源为 LFXT1CLK。

2）DIVMx：选择 MCLK 分频。

0：不分频（默认）；

1：2 分频；

2：4 分频；

3：8 分频。

3）SELS：选择 SMCLK 时钟源。

0：SMCLK 时钟源为 DCOCLK（默认）；

1：SMCLK 时钟源为 XT2CLK。

4）DIVSx：选择 SMCLK 分频。

0：不分频（默认）；

1：2 分频；

2：4 分频；

3：8 分频。

5）DCOR：选择 DCO。

0：内部电阻；

1：外部电阻。

11.1.3　I/O 口初始化及相关寄存器

MSP430 单片机共有 6 组端口，每组端口均为 8 位并且均可独立编程，可以直接用于输入/输出，还可以为 MSP430 系统扩展等应用提供必要的逻辑控制信号。

MSP430 各种端口有大量的控制寄存器供用户使用，从而提高了端口的输入/输出灵活性。其中 P1 和 P2 有 7 个寄存器，P3～P6 各有 4 个寄存器。通过设置寄存器，可实现以下功能：

1）每个 I/O 都可独立编程。

2）允许任意组合输入、输出和中断。

3）P1 和 P2 所有 8 位均可做外部中断处理。

4）可以使用所以指令对寄存器操作。

5）可以按字节输入、输出，也可按位进行操作 。

下面介绍端口控制寄存器。

（1）PxDIR。输入/输出方向寄存器如图 11-7 所示。

7	6	5	4	3	2	1	0
PxDIR.7	PxDIR.6	PxDIR.5	PxDIR.4	PxDIR.3	PxDIR.2	PxDIR.1	PxDIR.0

图 11-7　输入/输出方向寄存器

相互独立的 8 位分别定义了 Px 口的 8 位的输入输出方向。在 PUC 复位后 PIDIR 各位均复位。使用输入/输出功能时，应先定义端口方向。作为输入时，只能读；作为输出时，可读可写。

1）PxDIR. x：端口输入输出方向控制。

0：输入模式；

1：输出模式。

2）操作：

P1DIR | = 0x10;   //P1. 4 作输出，其余各位端口方向不变

P1DIR   & = 0x7f;   //P1. 7 作输入，其余各位端口方向不变

（2）PxIN。输入寄存器如图 11-8 所示。

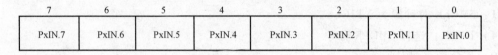

7	6	5	4	3	2	1	0
PxIN.7	PxIN.6	PxIN.5	PxIN.4	PxIN.3	PxIN.2	PxIN.1	PxIN.0

图 11-8　输入寄存器

该寄存器是只读寄存器。只能通过读取该寄存器内容才能知道 Px 口的输入信号的状态。读出此寄存器的内容中，只有 Px 口设为输入的数据位有效。对于 Px 口设为输出的那些位，一般来说，PxIN. x = PxOUT. x。

1）PxIN. x：端口输入的电平。

0：端口输入低电平；

1：端口输入高电平。

2）操作：

unsigned char Temp;

P1DIR   & = 0x77;   //P1. 3 和 P1. 7 输入

Temp = P1IN;   //Temp 为在已定义的一变量 Temp 中只要第 7 位和第 4 位有效

（3）PxOUT。输出寄存器如图 11-9 所示。

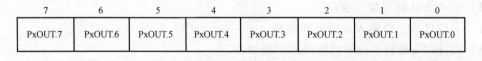

7	6	5	4	3	2	1	0
PxOUT.7	PxOUT.6	PxOUT.5	PxOUT.4	PxOUT.3	PxOUT.2	PxOUT.1	PxOUT.0

图 11-9　输出寄存器

该寄存器可读可写，读取时，其内容与 Px 口引脚定义无关。改变方向寄存器的内容，此寄存器内容不受影响。

1）PxOUT. x：端口输出的电平。

0：端口输出低电平；

1：端口输出高电平。

2）注意：P1OUT. 0 = 1（P1. 0 输出高），但是 P1DIR. 0 = 0（该引脚为输入模式），则此时 P1. 0 为输入；如果 P1DIR. 0 = 1（该引脚为输出模式），则此时 P1. 0 为输出，并且输出为高电平。

3）操作：

P1DIR　　| = 0x88；　　//P1.3 和 P1.7 输出

P1OUT　　| = 0x88；　　//P1.3 和 P1.7 输出高电平

（4）PxSEL。引脚功能选择寄存器如图 11-10 所示。

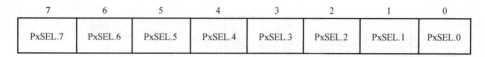

7	6	5	4	3	2	1	0
PxSEL.7	PxSEL.6	PxSEL.5	PxSEL.4	PxSEL.3	PxSEL.2	PxSEL.1	PxSEL.0

图 11-10　引脚功能选择寄存器

该寄存器可读可写，如果该引脚具有特殊功能的话，则可以通过该寄存器使用特殊功能。

1）PxSEL.x：引脚功能选择。

0：该引脚的普通 O/I 端口；

1：该引脚的功能端口。

2）当 I/O 口作为一般的输入/输出口使用时，其基本操作流程如下：

① 选择 I/O 口功能，基本 I/O 模式或其他模式（即设置 PxSEL 寄存器）。

② 设置方向寄存器（PxDIR）。

③ 读出外部输入值（PxIN）或写入相应值（PxOUT）。

任务 11.2　带计时显示的交通灯设计

1. 工作任务描述

设计出能够实现带有计时显示交通灯的基本电路，并编写程序实现时间显示的交通灯。

2. 工作任务分析

定时器 A 精确定时，4 个数码管作为时间的输出显示，南北和东西各用 2 个数码管，最大能实现 99s 的准确定时。74HC595 控制数码管的段选信号，位选信号分别连接到 P5.0 ~ P5.3。

3. 工作步骤

步骤一：选择合适的外围驱动芯片，设计合理的数码管显示驱动电路。

步骤二：了解单片机端口的输入输出控制方式，掌握相关外围芯片的硬件连接方式和软件驱动方式。

步骤三：打开集成开发环境，建立一个新的工程。

步骤四：编写控制程序，编译生成目标文件。

步骤五：下载调试。

4. 工作任务设计方案及实施

交通灯时间显示电路如图 11-11 所示。数码管的段选（数据段）连接到芯片 74HC595 的输出端，74HC595 的串行数据输入端 DS 连接到单片机的 P6.1 引脚，移位脉冲输入端 SHcp 接单片机引脚 P6.1，锁存脉冲输入端 STcp 接单片机引脚 P6.3，8 位数码管各自的位选端个通过一个晶体管 8550 连接到 P5.0 ~ P5.3。

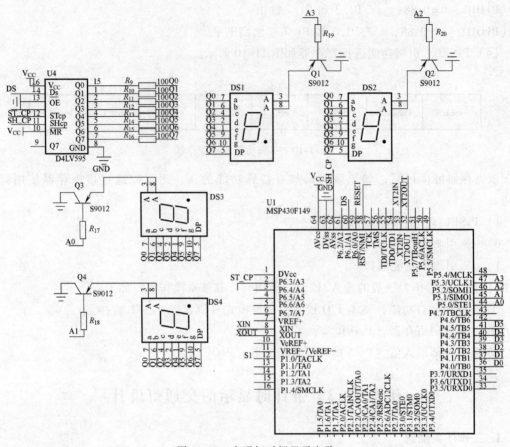

图 11-11　交通灯时间显示电路

程序示例如下：

```
#include "msp430x14x.h"
#define CPU_F ((double)8000000)
#define delay_us(x) __delay_cycles((long)(CPU_F* (double)x/1000000.0))
#define delay_ms(x) __delay_cycles((long)(CPU_F* (double)x/1000.0))


#define uchar unsigned char
#define uint  unsigned int
#define ulong unsigned long
#define LED_DATA P5OUT              //位选信号的输入引脚


#define CLK_H P6OUT|=BIT2          //74HC595 时钟信号的输入置高
#define CLK_L P6OUT&=~BIT2         //74HC595 时钟信号的输入置低
#define ST_H P6OUT|=BIT3           //74HC595 锁存信号置高
#define ST_L P6OUT&=~BIT3          //74HC595 锁存信号置低
#define DATA_H P6OUT|=BIT1         //74HC595 数据信号输入置高
#define DATA_L P6OUT&=~BIT1        //74HC595 数据信号置低
#define LED12DIR    P4DIR
```

```
#define LED12          P4OUT

//共阴极数码管显示
uchar uc7leds[16]={0xfc,0x60,0xda,0xf2,          //0,1,2,3,
                   0x66,0xb6,0xbe,0xe0,          //4,5,6,7,
                   0xfe,0xe6};                   //8,9


uchar data=0,flag=0;
uchar data1=0,data2=0,data3=0,data5=0,data7=0,data8=0;


//******************************************************************
//名称:wr595()向74HC595发送一个字节的数据
//功能:向74HC595发送一个字节的数据(先发低位)
//******************************************************************/
void wr595(uchar ucdat)
{
    uchar i;
    CLK_H;
        delay_us(1);
    ST_H;
    for(i=8;i>0;i--)            //循环8次,写一个字节
    {
        if(ucdat&0x01)          //发送BIT0位
                DATA_H;
            else
                DATA_L;
        CLK_L;
                delay_us(1);
                CLK_H;          //时钟上升沿
        ucdat=ucdat>>1;         //要发送的数据右移,准备发送下一位
    }
    ST_L;
        delay_us(1);
    ST_H;                       //锁存数据
}
//管脚初始化
void PORT_INT()
{
  LED12DIR=0xFF;
  LED12=0xFF;
  P6SEL=0X00;
  P6DIR=0XFF;
```

```
    P5SEL = 0X00;
    P5DIR = 0XFF;
}
//            交通灯显示
void LED_Runing(uchar NUM)
{
    switch(NUM)
    {
        case 0:
          LED12 & = ~(1 << 0);   //点亮 RED1 灯
          LED12 & = ~(1 << 5);   //点亮 GREEN2 灯
        break;
        case 1:
          LED12 & = ~(1 << 1);   //点亮 YELLOW1 灯
          LED12 & = ~(1 << 4);   //点亮 YELLOW2 灯
          break;
        case 2:
          LED12 & = ~(1 << 2);//点亮 GREEN1 灯
          LED12 & = ~(1 << 3);//点亮 RED2 灯
          break;
        default:
          LED12 = 0xFF;       //关闭所有的 LED 灯
          break;
    }
}
//定时器 A 设置
void timer_a()
{
  TACTL = TASSEL_1 + MC_1 + ID_3 + TAIE;//选择 ACK,增计数模式,
                                //8 分频,使能定时器中断
    CCR0 = 4095* 2 +1;//周期为 1s


}
//定时器 A 中断函数

#pragma vector = TIMERA1_VECTOR
__interrupt void Timer_A (void)
{

switch(TAIV)
  {
  case 1:break;
  case 2:break;
```

```
        case 10:data ++ ;count ++ ;break;
    }
}


//                        系统时钟初始化
void Clock_Init()
{
    uchar i;
    BCSCTL1 & = ~ XT2OFF;                //打开 XT 振荡器
    BCSCTL2 | = SELM1 + SELS;            //MCLK 为 8MHz,SMCLK 为 8MHz
    do{
        IFG1 & = ~ OFIFG;               //清除震荡标志
        for(i = 0;i < 100;i ++ )
        _NOP();                         //延时等待
    }
    while((IFG1&OFIFG)! = 0);           //如果标志为 1,则继续循环等待
    IFG1 & = ~ OFIFG;
}
int main ( void )
{
    WDTCTL = WDTPW  +  WDTHOLD;          //关闭看门狗定时器
    Clock_Init();                       //系统时钟初始化
    timer_a();                          //定时器 A 设置
    PORT_INT();                         //引脚初始化
    _EINT();                            //开中断
    while(1)
{
if(data = =1)
{
        data = 0;
        data3 ++ ;
    if (data3 = =20)
        data3 =0;
    flag ++ ;
}
if(flag = =1)
{
    flag =0;
    data5 ++ ;
    if (data5 = =20)
        data5 =0;
}
if(count = =20)
```

```
{
    LED12 = 0xFF;
    LED_Runing(count1% 3);
}
count = 0;
count1 ++;
    data1 = data3/10;
    data2 = data3% 10;
    data7 = data5/10;
    data8 = data5% 10;
    wr595(uc7leds[data1]);
    LED_DATA = 0xFE;                //WE 方向个位
    delay_ms(1);
    wr595(uc7leds[data2]);
    LED_DATA = 0xFD;                //WE 方向十位
    delay_ms(1);
    wr595(uc7leds[data7]);
    LED_DATA = 0xFB;                //NS 方向个位
    delay_ms(1);
    wr595(uc7leds[data8]);
    LED_DATA = 0xF7;                //NS 方向十位
    delay_ms(1);
}
}
```

● 问题及知识点引入

◇ 定时器的定时方式有哪些?
◇ MSP430 单片机的定时器 A 的结构与原理?
◇ 怎样配置定时器 A?

11. 2. 1　MSP430 单片机的定时方式

1. 软件定时

根据所需要的时间设计一个延时子程序,设计者必须要经过对这些指令的执行时间进行严密的计算,来确定延时的时间是否符合要求。这种定时方式节省硬件,所需的时间也可灵活调整。但是,执行这些程序的同时会占用 CPU,降低了 CPU 的利用率。IAR 软件提供了两个精确延时函数,delay_ ms(x) 和 delay_ us(x)。

2. 硬件定时

利用专门的定时器,在软件的控制下可以实现更准确的时间定时。主要思想是根据需要的定时时间,用指令设置定时常数,并启动定时器,定时器开始计数,当记到指定的数值时,便函自动产生一个定时输出。这种方法最突出的优点是不占用 CPU 的时间,大大提高CPU 的利用率。

MSP430F149 就有丰富的定时器资源，例如看门狗定时器（WDT）、定时器 A（Timer_ A），定时器 B（Timer_ B）。这些定时器在除了定时功能外还有其他特定的用途。

看门狗定时器：基本定时器，当程序发生错误时执行一个受控的系统重启动。

定时器 A：基本定时器，支持同时进行的多种时序控制、多个捕获\比较功能和多种输出波形（PWM），可以硬件方式支持串行通信。

定时器 B：基本定时器，功能基本同定时器 A，但比定时器 A 灵活，功能更强大。

定时器是 MSP430 单片机应用的重要组成部分，其工作方式的灵活运用，对提高编程技巧，减轻 CPU 的负担和简化外围电路有很大益处。

11.2.2　MSP430 单片机定时器 A 的结构与原理

1. 定时器 A 结构

MSP430 系列单片机采用 16 位的 TIMER_ A 定时器，再加上内部的比较器，至少能达到 10 位的 A-D 测量精度；利用 TIMER_ A 生成的 PWM 能用软件任意改变占空比和周期，配合滤波器件可方便地实现 D-A 转换；当 PWM 不需要修改占空比和时间时，TIMER_ A 能自动输出 PWM，而不需利用中断维持 PWM 输出。定时器 A 的结构原理如图 11-12 所示。

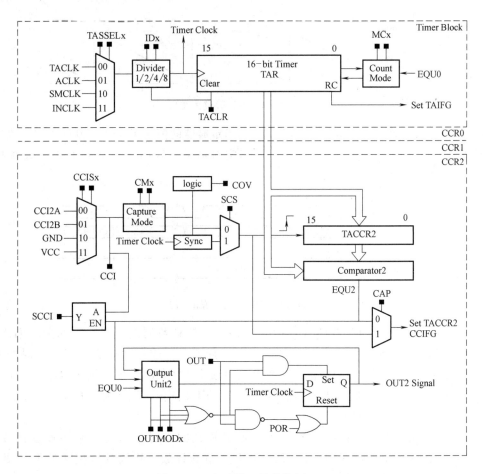

图 11-12　定时器 A 的结构原理

2. 定时器 A 的定时原理

TIMER_ A 共有 4 种计数模式：停止模式、增计数模式、连续计数模式和增/减计数模式。

（1）停止模式。停止模式用于定时器暂停，并不发生复位，所有寄存器现行的内容在停止模式结束后都可用。当定时器暂停后重新计数时，计数器将从暂停的值开始以暂停前的计数方向计数。

例如，停止模式前，TIMER_ A 工作于增/减计数模式并且处于下降计数方向；停止模式后，TIMER_ A 仍然工作于增/减计数模式，从暂停前的状态开始继续沿着下降方向开始计数。如果不能这样，则可通过 TACTL 中的 CLR 控制位来清除定时器的方向记忆特性。

（2）增计数模式。捕获/比较寄存器 TACCR0 用作 TIMER_ A 增计数模式的周期寄存器，因为 TACCR0 为 16 为寄存器，所以该模式适用于定时器周期小于 65536 的连续计数情况。计数器 TAR 可以增计数到 TACCR0 的值，当计数值与 TACCR0 的值相等（或定时器值大于 TACCR0 的值）时，定时器复位并从 0 开始重新计数。增计数模式波形如图 11-13 所示。

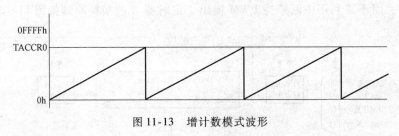

图 11-13　增计数模式波形

中断标志位的设置过程如图 11-14 所示。当定时器的值等于 TACCR0 的值时，设置标志位 CCIFG0（捕获比较中断标志）为 1，而当定时器从 TACCR0 计数到 0 时，设置标志位 TAIFG（定时器溢出标志）为 1。

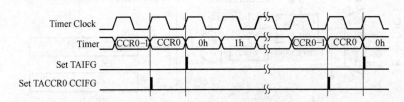

图 11-14　中断标志位的设置过程

计数过程中还可以通过改变 TACCR0 的值来重置计数周期。当新周期大于旧周期时，定时器会直接增计数到新周期。当新周期小于旧周期时，改变 TACCR0 时的定时器时钟相位会影响定时器响应新周期的情况。时钟为高时改变 TACCR0 的值，则定时器会在下一个时钟周期上升沿返回到 0；时钟周期为低时改变 TACCR0 的值，则定时器接收新周期并在返回到 0 之前继续增加一个时钟周期。

（3）连续计数模式。在需要 65536 个时钟周期的定时应用场合常用连续计数模式。定时器从当前值计数到 0xFFFF 后，又从 0 开始重新计数。连续计数模式波形如图 11-15 所示。

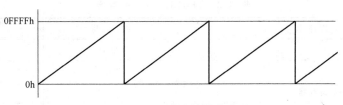

图 11-15　连续计数模式波形

当定时器从 0xFFFF 计数到 0 时，设置标志位 TAIFG，如图 11-16 所示。

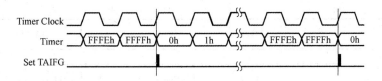

图 11-16　设置标志位 TAIFG

（4）增/减计数模式。需要生成对称波形的情况经常可以使用增/减计数模式，该模式下定时器先正向增计数到 TACCR0 的值，然后反向减计数到 0。计数周期仍由 TACCR0 定义，它是 TACCR0 计数器数值的两倍。增/减计数模式时计数器中数值的变化情况可由波形表示，如图 11-17 所示。

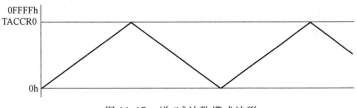

图 11-17　增/减计数模式波形

标志位的设置如图 11-18 所示，当定时器 TAR 的值从 TACCR0-1 计数到 TACCR0 时，中断标志 CCIFG0 置位；当定时器从 1 减计数到 0 时，中断标志 TAIFG 置位。

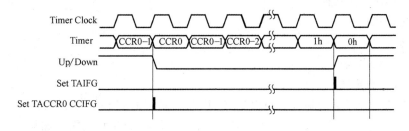

图 11-18　增/减计数标志位的设置

11.2.3　MSP430 单片机定时器 A 的寄存器

MSP430 单片机的定时器 A（TIMER_ A）有丰富的寄存器资源供用户使用，TIMER_ A 的寄存器见表 11-3。

（1）TACTL。TIMER_ A 控制寄存器如图 11-19 所示。

表 11-3　TIMER_ A 的寄存器

寄存器	缩写	读写类型
TIMER_A 控制寄存器	TACTL	读写
TIMER_A 计数器	TAR	读写
TIMER_A 捕获/比较控制寄存器 x	TACCTLx	读写
TIMER_A 捕获/比较寄存器 x	TACCRx	读写
TIMER_A 中断向量寄存器	TAIV	读写

15	14	13	12	11	10	9	8
Unused						TASSELx	

7	6	5	4	3	2	1	0
IDx		MCx		Unused	TACLR	TAIE	TAIFG

图 11-19　TIMER_ A 控制寄存器

全部关于定时器及其操作的控制位都包含在定时器控制寄存器 TACTL 中。POR 信号后 TACTL 的所有位都自动复位，但在 PUC 信号后不受影响。TACTL 各位的定义如下：

1）TASSELx：选择定时器进入输入分频器的时钟源。

0：TACLK 特定的外部引脚时钟；

1：ACLK 辅助时钟；

2：MCLK 系统时钟；

3：INCLK 器件特有时钟。

2）IDx：输入分频选择。

0：不分频；

1：2 分频；

2：4 分频；

3：8 分频。

3）MCx：计数模式控制位。

0：停止模式；

1：增计数模式；

2：连续计数模式；

3：增/减计数模式。

4）TACLR：定时器清除位。POR 或 CLR 置位时定时器和输入分频器复位。CLR 由硬件自动复位，其输出始终为 0。定时器在下一个有效输入沿开始工作。如果不是被清除模式控制位暂停，则定时器以增计数模式开始工作。

0：无操作；

1：清除 TAR，时钟分频，计数模式的设置。清除设置后自动清零。

5）TAIE：定时器中断允许位。

0：禁止定时器溢出中断；

1：允许定时器溢出中断。

6）TAIFG：定时器溢出标志位。

增计数模式时：当定时器由 CCR0 计数到 0，TAIFG 置位；

连续计数模式时：当定时器由 0FFFFH 计数到 0 时，TAIFG 置位；

增/减计数模式时：当定时器由 CCR0 减计数到 0 时，TAIFG 置位；

0：没有 TA 中断请求；

1：有 TA 中断请求。

（2）TAR。TIMER_ A 计数器如图 11-20 所示。

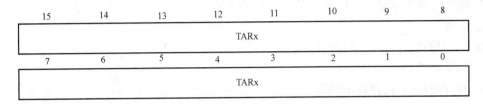

图 11-20 TIMER_ A 计数器

该单元就是执行计数的单元，是计数器的主体，其内容可读可写。

（3）TACCTLx。TIMER_ A 捕获/比较控制寄存器 x 如图 11-21 所示。

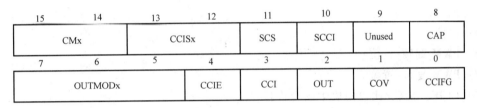

图 11-21 TIMER_ A 捕获/比较控制寄存器 x

TIMER_ A 有多个捕获/比较模块，每个模块都有自己的控制字 TACCTLx，这里 x 为捕获/比较模块序号。该寄存器在 POR 信号后全部复位，但在 PUC 信号后不受影响。该寄存器中各位的定义如下：

1）CMx：选择捕获模式。

0：禁止捕获模式；

1：上升沿捕获；

2：下降沿捕获；

3：上升沿和下降沿都捕获。

2）CCISx：在捕获模式中用来定义提供捕获事件的输入源。

0：选择 CCIxA；

1：选择 CCIxB；

2：选择 GND；

3：选择 V_{CC}。

3）SCS：选择捕获信号与定时时钟同步/异步关系。异步捕获模式允许在请求时立即将 CCIFG 置位和捕获定时器值，适用于捕获信号的周期远大于定时器周期的情况。但是，如果定时器时钟和捕获信号发生时间竞争，则捕获寄存器的值可能出错。

0：异步捕获；

1：同步捕获。

4）SCCI：同步比较/捕获输入。

5）CAP：选择捕获模式/比较模式。如果通过捕获/比较寄存器 TACCTLx 中的 CAP 使工作模式从比较模式变为捕获模式，那么不应同时进行捕获，否则在捕获/比较寄存器中的值是不可预料的。

推荐的指令顺序如下：

① 修改控制寄存器，由比较模式切换到捕获模式。

② 捕获：

0：比较模式；

1：捕获模式。

6）OUTMODx：选择输出模式。

0：输出；

1：置位；

2：PWM 翻转/复位；

3：置位/复位；

4：翻转；

5：复位；

6：PWM 翻转/置位；

7：PWM 复位/置位。

7）CCIE：捕获/比较模块中断允许位。

0：禁止中断（TACCRx）；

1：允许中断（TACCRx）。

8）CCI：捕获/比较模块的输入信号。

捕获模式：由 CCIS0 和 CCIS1 选择的输入信号可通过该位读出；

比较模式：CCI 复位。

9）OUT：输出信号。如果 OUTMODx 选择输出模式 0（输出），则该位对应于输入状态。

0：输出低电平；

1：输出高电平。

10）COV：捕获溢出标志。

当 CAP＝0 时，选择比较模式。捕获信号发生复位，没有使 COV 置位的捕获事件。

当 CAP＝1 时，选择捕获模式。如果捕获寄存器的值被读出前在此发生捕获事件，则置位。程序可检测 COV 来判断原值读出前是否又发生捕获事件。读捕获寄存器时不会使溢出标志复位，需用软件复位。

0：没有捕获溢出；

1：发生捕获溢出。

11）CCIFG：捕获比较中断标志。

捕获模式：寄存器 CCRx 捕获了定时器 TAR 值时置位；

比较模式：定时器 TAR 值等于寄存器 CCRx 值时置位；

0：没有中断请求（TACCRx）；

1：有中断请求（TACCRx）。

（4）TACCRx。TIMER_ A 捕获/比较寄存器 x 如图 11-22 所示。

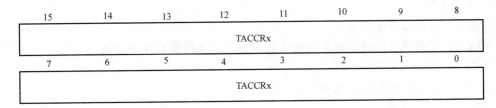

图 11-22　TIMER_ A 捕获/比较寄存器 x

在捕获/比较模块中，可读可写。在捕获方式，当满足捕获条件，硬件自动将计数器 TAR 数据写入该寄存器。如果测量某窄脉冲（高电平）脉冲长度，可定义上升沿和下降沿都捕获。在上升沿时，捕获一个定时器数据，这个数据在捕获寄存器中读出；再等待下降沿到达，在下降沿时又捕获一个定时器数据。两次捕获的定时器数据就是窄脉冲的高电平宽度。其中 CCR0 经常用作周期寄存器，与其他 CCRx 相同。

（5）TAIV。TIMER_ A 中断向量寄存器如图 11-23 所示。

15	14	13	12	11	10	9	8
0	0	0	0	0	0	0	0

7	6	5	4	3	2	1	0
0	0	0	0		TAIVx		0

图 11-23　TIMER_ A 中断向量寄存器

TIMER_ A 中断可由计数器溢出引起，也可以来自捕获/比较寄存器。每个捕获/比较模块可独立编程，由捕获/比较外部信号以产生中断。外部信号可以是上升沿，也可以是下降沿，也可以两者都有。Timer_ A 模块使用两个中断向量，一个单独分配给捕获/比较寄存器 CCR0，另一个作为共用中断向量用于定时器和其他的捕获/比较寄存器。

捕获/比较寄存器 CCR0 中断向量具有最高的优先级，因为 CCR0 能用于定义增计数和增/减计数模式的周期，因此，它需要最高的服务。CCIFG0 在被中断服务时能自动复位。

CCR1～CCRx 和定时器共用另一个中断向量，属于多源中断，对应的中断标志 CCIFG1～CCIFGx 和 TAIFG1 在读中断向量字 TAIV 后自动复位。如果不访问 TAIV 寄存器，则不能自动复位，需用软件清除；如果对应的中断允许位复位（不允许中断），则将不会产生中断请求，但中断标志仍然存在，这时亦需用软件清除。

任务11.3　实现交通灯的紧急情况处理

1. 工作任务描述

当有紧急交通状况发生时，例如有救护车通过时，就可以按下紧急按键，使交通路口对应的灯变成红灯。

2. 工作任务分析

按键 S1 接到 P10，下降沿触发外部中断。当 S1 按下时，红灯全部亮起，其他灯熄灭。紧急情况处理过后，按复位键，交通灯恢复到以前的工作情况。

3. 工作步骤

步骤一：设计合理的电路。

步骤二：了解单片机端口的输入输出控制方式，掌握相关外部中断。

步骤三：打开集成开发环境，建立一个新的工程。

步骤四：编写控制程序，编译生成目标文件。

步骤五：下载调试。

4. 工作任务设计方案及实施

外部中断控制交通灯的电路如图 11-24 所示，单片机的 P10 口作为输入，P40 ~ P45 并行输出端接 12 个 LED，按照预先要求，当按键 S1 按下时，红灯全亮；当复位按键按下时，交通灯正常工作。

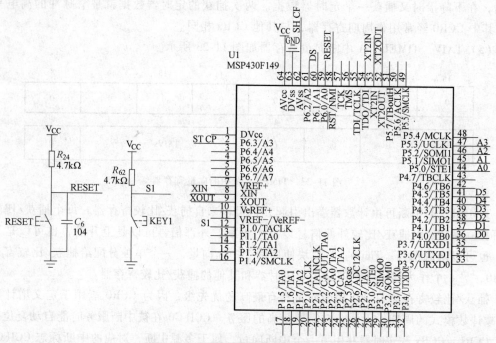

图 11-24　外部中断控制交通灯的电路

程序示例如下：

```
#include <msp430x14x.h>
#define CPU_F ((double)8000000)   //外部高频晶振 8MHz
#define delay_us(x) __delay_cycles((long)(CPU_F* (double)x/1000000.0))
#define delay_ms(x) __delay_cycles((long)(CPU_F* (double)x/1000.0))
#define uchar unsigned char
#define LED12 P4OUT
```

```
uchar key;

//                     系统时钟初始化,外部8MHz晶振
void Clock_Init()
{
  uchar i;
  BCSCTL1 & = ~ XT2OFF;                     //打开 XT2 振荡器
  BCSCTL2 |= SELM1 + SELS;                  //MCLK 为 8MHz,SMCLK 为 8MHz
  do{
    IFG1 & = ~ OFIFG;                       //清除振荡器错误标志
    for (i = 0;i < 100;i ++)
        _NOP();
  }
while((IFG1&OFIFG)! =0);                    //如果标志位为 1,则继续循环等待
IFG1 & = ~ OFIFG;
}
//端口初始化
void port_init()
{
  P1SEL = 0X00;
  P1DIR = 0XFE;          //设置 P10 为输入
  P1IE = 0X0F;            //允许 P10 中断
  P1IES = 0X0F;          //下降沿中断
  P1IFG = 0X00;          //清除中断标志

  P4DIR = 0XFF;          //设置 P6 口方向为输出
  P4OUT = 0XFF;          ////初始设置为 00
}
//        交通灯显示
void LED_Runing(uchar NUM)
{
    switch(NUM)
    {
        case 0:
          LED12 & = ~ (1 << 0);  //点亮 RED1 灯
          LED12 & = ~ (1 << 5);  //点亮 GREEN2 灯
        break;
        case 1:
          LED12 & = ~ (1 << 1);  //点亮 YELLOW1 灯
          LED12 & = ~ (1 << 4);  //点亮 YELLOW2 灯
          break;
        case 2:
          LED12 & = ~ (1 << 2);//点亮 GREEN1 灯
```

```
            LED12 & =  ~ (1 << 3) ; //点亮 RED2 灯
            break;
        default:
            LED12 = 0xFF;       //关闭所有的 LED 灯
            break;
    }
}


#pragma vector = PORT1_VECTOR
__interrupt void p1 (void)
{
  switch (P1IFG&0X0F)
  {
  case 0x01:key = 0x01;P6OUT = 0xF6;P1IFG = 0xff;break;   //点亮所有红灯
  }
}

void main ()
{
  uchar count;
  WDTCTL = WDTPW + WDTHOLD;   //关闭看门狗
  Clock_Init ();              //时钟初始化
  port_init ();               //端口初始化
  delay_ms (200);             //延时防抖动
  _EINT ();                   //开总中断

  while (1)
  {
  LED12 = 0xFF;
    LED_Runing (count% 3);
    count ++ ;
    delay_ms (1000);
  }
      LPM3;   //进入低功耗模式 3
}
```

● 问题及知识点引入

◇ 怎么配置 MSP430 单片机中断？

◇ MSP430 单片机在低功耗模式下是怎么工作的？

11.3.1　I/O 口中断

在 MSP430 单片机中，P1 口和 P2 口总共 16 个 I/O 口均能作引发中断。相关寄存器如下：

（1）PxIFG。中断标志寄存器如图11-25所示。

7	6	5	4	3	2	1	0
PxIFG.7	PxIFG.6	PxIFG.5	PxIFG.4	PxIFG.3	PxIFG.2	PxIFG.1	PxIFG.0

图11-25　中断标志寄存器

该寄存器只有 P1 和 P2 口才有，有 8 个标志位，标志相应引脚是否有中断请求。

PxIFG.x：中断标志。

0：该引脚无中断请求；

1：该引脚有中断请求。

（2）PxIE。中断允许寄存器如图11-26所示。

7	6	5	4	3	2	1	0
PxIE.7	PxIE.6	PxIE.5	PxIE.4	PxIE.3	PxIE.2	PxIE.1	PxIE.0

图11-26　中断允许寄存器

该寄存器只有 P1 和 P2 口才有，有 8 个标志位，标志相应引脚是否能响应中断请求。

PxIFG.x：中断允许标志。

0：该引脚中断禁止；

1：该引脚中断允许。

（3）PxIES。中断触发沿控制寄存器如图11-27所示。

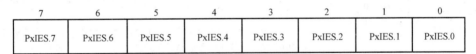

7	6	5	4	3	2	1	0
PxIES.7	PxIES.6	PxIES.5	PxIES.4	PxIES.3	PxIES.2	PxIES.1	PxIES.0

图11-27　中断触发沿控制寄存器

该寄存器只有 P1 和 P2 口才有，有 8 个标志位，标志相应引脚的中断触发沿。

PxIFG.x：中断触发沿选择。

0：上升沿产生中断；

1：下降沿产生中断。

对 I/O 中断操作的基本流程如下：

1）设置 I/O 模式。

2）设置中断触发方式（PxIES 寄存器）。

3）允许中断（PxIE_ EINT（）或_ BIS_ SR（LPM4_ bits + GIE）函数）。

4）等待中断（有 S 寄存器）。

5）开总中断（调用中断时执行中断服务程序）。

11.3.2　低功耗模块

低功耗是 MSP430 单片机一个最显著的特点。MSP430 丰富的时钟源使其能达到最低功耗并发挥最优系统性能。MSP430 单片机具有 5 种不同深度的低功耗模式，见表11-4。

MSP430 可工作在一种活动模式（AM）和 5 种低功耗模式（LPM0 ~ LPM4）下。通过软件设置控制位 SCG1、SCG0、OscOff 和 CPUOff，MSP430 可进入相应的低功耗模式。各种低功耗模式又可通过中断方式返回活动模式。

在中断处理子程序中可以间接访问堆栈数据从而修改这些控制位。在中断返回后单片机会以另一种功耗方式继续运行。各控制位的功能如下：

1）SCG1：当 SCG1 复位时，使能 SMCLK；当 SCG1 置位时则禁止 SMCLK。

2）SCG0：当 SCG0 复位时，直流发生器被激活；只有当 SCG0 置位且 DCOCLK 信号未用于 MCLK 或 SMCLK，直流发生器才被禁止。

注意：当电流关闭时（SCG = 0），DCO 的下次启动会有一些微秒级的延迟。

3）OscOff：当 OscOff 复位时，LFXT 晶体振荡器被激活；当 OscOff 被置位且不用于 MCLK 或 SMCLK，LFXT 晶体振荡器才被禁止。

4）CPUOff：当 CPUOff 复位时，用于 CPU 的时钟信号 MCLK 被激活。

表 11-4　MSP430 单片机的 5 种低功耗模式

工作模式	控制位	CPU 状态、振荡器及时钟
活动模式 （AM）	SCG1 = 0 SCG0 = 0 OscOff = 0 CPUOff = 0	CPU 处于活动状态 MCLK 活动 SMCLK 活动 ACLK 活动
低功耗模式 0 （LPM0）	SCG1 = 0 SCG0 = 0 OscOff = 0 CPUOff = 1	CPU 处于禁止状态 MCLK 禁止 SMCLK 活动 ACLK 活动
低功耗模式 1 （LPM1）	SCG1 = 0 SCG0 = 1 OscOff = 0 CPUOff = 1	CPU 处于禁止状态 若 DCO 未用作 SMCLK 或 MCLK，则自流发生器禁止，否则任保持活动。MCLK 禁止；SMCLK 活动；ACLK 活动
低功耗模式 2 （LPM2）	SCG1 = 1 SCG0 = 0 OscOff = 0 CPUOff = 1	CPU 处于禁止状态 若 DCO 未用作 SMCLK 或 MCLK，则 DCO 自动被禁止。MCLK 禁止；SMCLK 禁止；ACLK 活动
低功耗模式 3 （LPM3）	SCG1 = 1 SCG0 = 1 OscOff = 0 CPUOff = 1	CPU 处于禁止状态 DCO 被禁止；自流发生器被禁止。MCLK 禁止；SMCLK 禁止 ACLK 活动
低功耗模式 4 （LPM4）	SCG1 = x SCG0 = x OscOff = 1 CPUOff = 1	CPU 处于禁止状态 DCO 被禁止；自流发生器被禁止。所有振荡器停止工作。MCLK 禁止；SMCLK 禁止；ACLK 活动

项目12 基于STM32单片机的交通灯控制系统设计

STM32 是基于 ARM 公司最新一代 Cortex-M 内核的芯片，由意法半导体（ST）公司推出，因为其超高的性价比和简单函数库编程方式，而广泛被采用。STM32 系列几乎集成了工控领域的所有功能模块，包括 USB、网络、SD 卡、A-D 转换、D-A 转换等。其主频为 72MHz，是 51 系列单片机的几倍。在嵌入式领域，STM32 芯片的性能介于低端和高端之间，相对于 51 单片机和 430 单片机有更多的外设，以及更先进的内部结构。本项目通过引导学生学习一个具有倒计时功能的交通灯控制系统，从而掌握基于定时器的硬件电路和驱动程序设计。

- 项目目标与要求

  ◇ 学会 STM32 单片机的 GPIO 口的配置
  ◇ 掌握数码管的工作原理和使用
  ◇ 掌握 STM32 定时器的设置

- 项目工作任务

  ◇ 分解项目，通过分解任务完成对新知识点的学习
  ◇ 设计电路原理图
  ◇ 建立软件开发环境，编写控制程序，并编译生成目标文件
  ◇ 下载到开发板，调试通过

任务 12.1　简易红绿灯的设计

1. 工作任务描述

设计简易红绿灯电路，并编写程序实现红绿灯的正常运行。

2. 工作任务分析

设计一个简易的红绿灯，用能发出红绿黄 3 种光的发光二极管表示 3 种情况的路灯，路灯的功能非常简单，只有红黄绿灯的变换。

3. 工作步骤

步骤一：选择合适的单片机引脚。

步骤二：了解单片机端口的输入输出控制方式，掌握相关外围芯片的硬件连接方式和软件驱动方式。

步骤三：打开集成开发环境上，建立一个新的工程。

步骤四：编写控制程序，编译生成目标文件。

步骤五：下载调试。

4. 工作任务设计方案及实施

红绿灯驱动电路如图 12-1 所示。

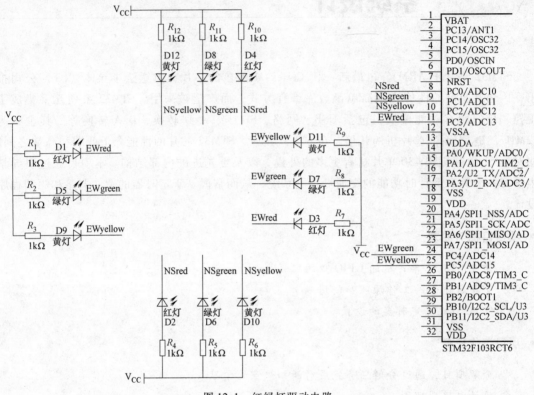

图 12-1　红绿灯驱动电路

为了节省单片机的引脚和简化程序编写过程，在图 12-1 所示的电路中，红绿灯在工作时，相反方向的灯是同时工作的，颜色也是一样的。电路采用将上下两侧的同种颜色的灯相连接后接在单片机的 PC0～PC2 引脚，左右两侧的同种颜色的灯连接后接到单片机的 PC3～PC5 引脚的方法。单片机只需要控制两个方向即可，简化了控制过程。

程序示例如下：

```
#include "stm32f10x.h"
//定义南北路口红灯状态
#define LED0_OFF     GPIO_SetBits(GPIOC,GPIO_Pin_0)
#define LED0_ON    GPIO_ResetBits(GPIOC,GPIO_Pin_0)


//定义南北路口绿灯状态
#define LED1_OFF     GPIO_SetBits(GPIOC,GPIO_Pin_1)
#define LED1_ON    GPIO_ResetBits(GPIOC,GPIO_Pin_1)


//定义南北路口黄灯状态
```

```
#define LED2_OFF       GPIO_SetBits(GPIOC,GPIO_Pin_2)
#define LED2_ON      GPIO_ResetBits(GPIOC,GPIO_Pin_2)

//定义东西路口红灯状态
#define LED3_OFF       GPIO_SetBits(GPIOC,GPIO_Pin_3)
#define LED3_ON      GPIO_ResetBits(GPIOC,GPIO_Pin_3)

//定义东西路口绿灯状态
#define LED4_OFF       GPIO_SetBits(GPIOC,GPIO_Pin_4)
#define LED4_ON      GPIO_ResetBits(GPIOC,GPIO_Pin_4)

//定义东西路口黄灯状态
#define LED5_OFF       GPIO_SetBits(GPIOC,GPIO_Pin_5)
#define LED5_ON      GPIO_ResetBits(GPIOC,GPIO_Pin_5)

//函数声明
void LED_GPIO_Init(void);
void Delay(u32 second);

//主函数入口
int main(void)
{
    LED_GPIO_Init();       //LED端口初始化
    while (1)
    {
        LED0_ON;      //南北亮绿灯
        LED4_ON;      //东西亮绿灯
        Delay(35);     //保持
        LED4_OFF;      //东西绿灯灭
        LED5_ON;      //东西黄灯亮
        Delay(5);       //保持
        LED5_OFF;      //东西黄灯灭
        LED0_OFF;      //南北红灯亮
        LED3_ON;      //东西红灯亮
        LED1_ON;      //南北绿灯亮
        Delay(35);     //保持
        LED1_OFF;      //南北绿灯灭
        LED2_ON;      //南北黄灯亮
        Delay(5);       //保持
        LED2_OFF;      //南北黄灯灭
        LED3_OFF;      //东西红灯灭
    }
}
```

```
//延时函数
void Delay(uint32_t second)
{ u32 n,m;
    for(;second>0;second--)
        for(n=32767; n>0; n--)
            for(m=2197; m>0; m--);


}
//LED 控制端口初始化函数
void LED_GPIO_Init(void)
{
    //定义一个 GPIO_InitTypeDef 类型的结构体
    GPIO_InitTypeDef GPIO_InitStructure;
    //开启 GPIOC 的外设时钟
    RCC_APB2PeriphClockCmd( RCC_APB2Periph_GPIOC, ENABLE);
    //选择要控制的 GPIO 引脚
    GPIO_InitStructure.GPIO_Pin=GPIO_Pin_0;
    //设置引脚模式为推挽模式
    GPIO_InitStructure.GPIO_Mode=GPIO_Mode_Out_PP;
    //设置引脚速率为 50MHz
    GPIO_InitStructure.GPIO_Speed=GPIO_Speed_50MHz;
    //调用库函数,初始化 GPIOC
    GPIO_Init(GPIOC, &GPIO_InitStructure);

    //初始化引脚 PC1
    GPIO_InitStructure.GPIO_Pin=GPIO_Pin_1;
    GPIO_Init(GPIOC, &GPIO_InitStructure);

    //初始化引脚 PC2
    GPIO_InitStructure.GPIO_Pin=GPIO_Pin_2;
    GPIO_Init(GPIOC, &GPIO_InitStructure);

    //初始化引脚 PC3
    GPIO_InitStructure.GPIO_Pin=GPIO_Pin_3;
    GPIO_Init(GPIOC, &GPIO_InitStructure);

    //初始化引脚 PC4
    GPIO_InitStructure.GPIO_Pin=GPIO_Pin_4;
    GPIO_Init(GPIOC, &GPIO_InitStructure);

    //初始化引脚 PC5
    GPIO_InitStructure.GPIO_Pin=GPIO_Pin_5;
```

```
GPIO_Init(GPIOC, &GPIO_InitStructure);

//将所有灯关闭
GPIO_SetBits(GPIOC,GPIO_Pin_0 |GPIO_Pin_1 |GPIO_Pin_2 |GPIO_Pin_3 |GPIO_Pin_4 |GPIO
_Pin_5);
}
```

● 问题及知识点引入

　　◇ 什么是库函数，为什么使用库函数？
　　◇ STM32 的 GPIO 口有什么功能，怎样配置寄存器？
　　◇ 怎样将端口设置为输入输出功能？

12.1.1　库函数介绍

　　函数库是一个固件函数包，由程序、数据结构和宏组成，包括了微处理器所有外设的性能特征，以及每一个外设的驱动描述和应用实例。使用函数库可以大大减少用户的程序编写时间，进而降低开发成本。

　　每个 MCU 都有自己的寄存器，51 单片机是功能比较简单的一种，相应的寄存器也比较少，如 P0、P1、SMOD、TMOD 等，这些存在于标准头文件 reg51.h 中。因为少，每一位对应的意义通过手册就能查到，甚至用得熟练就可以记住，所以做 51 单片机开发的时候大多数都是直接操作寄存器。

　　STM32 也有自己的寄存器，但是作为一款 ARM 内核的芯片，功能多了很多，寄存器自然也就多很多，STM32 的手册有一千多页，这时候想去像 51 单片机那样记住每个寄存器已经不现实了，所以 ST 的工程师就给大家提供了库函数这么一个东西。

　　库函数里面把 STM32 的所有寄存器用结构体一一对应并且封装起来，而且提供了基本的配置函数。我们要去操作配置某个外设的时候不需要再去翻眼花缭乱的数据手册，直接找到库函数描述拿来就可以用，而不是去费力地研究一个芯片的外设要怎么配置寄存器才能驱动起来。

　　简单讲，库函数是为了让开发者从大量烦琐的寄存器操作中脱离出来的一个文件包，在使用一个外设时让开发者直接去调用相应的驱动函数，而不是去翻手册一个一个配置寄存器。

12.1.2　和 IO 口相关的寄存器

　　STM32 的 GPIO 口有 8 种模式：输入浮空、输入上拉、输入下拉、模拟输入、开漏输出、推挽输出、推挽式复用功能、开漏复用功能。

　　要控制端口就要涉及寄存器，通过数据手册查到相关的寄存器有端口控制寄存器低（GPIOx_CRL）、端口设置寄存器高（GPIOx_CRH）、端口数据输入寄存器（GPIOx_IDR）、端口数据输出寄存器（GPIOx_ODR）、端口位设置清除寄存器（GPIOx_BSRR）、端口位清除寄存器（GPIOx_BRR）、端口配置锁存寄存器（GPIOx_LCKR）。

　　（1）GPIOx_CRL。端口配置低寄存器（x = A ~ E）如图 12-2 所示，其各位功能说明见

表 12-1。

31	30	29	28	27	26	25	24	23	22	21	20	19	18	17	16
CNF7[1:0]		MODE7[1:0]		CNF6[1:0]		MODE6[1:0]		CNF5[1:0]		MODE5[1:0]		CNF4[1:0]		MODE4[1:0]	
rw	rw	rw	rw	rw	rw	rw	rw	rw	rw	rw	rw	rw	rw	rw	rw

15	14	13	12	11	10	9	8	7	6	5	4	3	2	1	0
CNF3[1:0]		MODE3[1:0]		CNF2[1:0]		MODE2[1:0]		CNF1[1:0]		MODE1[1:0]		CNF0[1:0]		MODE0[1:0]	
rw	rw	rw	rw	rw	rw	rw	rw	rw	rw	rw	rw	rw	rw	rw	rw

图 12-2 端口配置低寄存器

表 12-1 端口配置低寄存各位功能说明

位	功 能 说 明
31:30	CNFy[1:0]:端口 x 配置位(y = 0 ~ 7)
27:26	软件通过这些位配置相应的 I/O 端口
23:22	输入模式(MODE[1:0] = 00)
19:18	00:模拟输入模式
15:14	01:浮空输入模式(复位后的状态)
11:10	10:上拉/下拉输入模式
7:6	11:保留
3:2	在输出模式(MODE[1:0] > 00): 00:通用推挽输出模式 01:通用开漏输出模式 10:复用功能推挽输出模式 11:复用功能开漏输出模式
29:28	MODEy[1:0]:端口 x 的模式位(y = 0 ~ 7)
25:24	软件通过这些位配置相应的 I/O 端口
21:20	输入模式(复位后的状态)
17:16	01:输出模式,最大速度 10MHz
13:12	10:输出模式,最大速度 2MHz
9:8,5:4,1:0	11:输出模式,最大速度 50MHz

(2)GPIOx_CRH。端口配置高寄存器(x = A ~ E)如图 12-3 所示,其各位功能说明见表 12-2。

31	30	29	28	27	26	25	24	23	22	21	20	19	18	17	16
CNF15[1:0]		MODE15[1:0]		CNF14[1:0]		MODE14[1:0]		CNF13[1:0]		MODE13[1:0]		CNF12[1:0]		MODE12[1:0]	
rw	rw	rw	rw	rw	rw	rw	rw	rw	rw	rw	rw	rw	rw	rw	rw

15	14	13	12	11	10	9	8	7	6	5	4	3	2	1	0
CNF11[1:0]		MODE11[1:0]		CNF10[1:0]		MODE10[1:0]		CNF9[1:0]		MODE9[1:0]		CNF8[1:0]		MODE8[1:0]	
rw	rw	rw	rw	rw	rw	rw	rw	rw	rw	rw	rw	rw	rw	rw	rw

图 12-3 端口配置高寄存器

表 12-2　端口配置高寄存器各位功能说明

位	功 能 说 明
31:30	CNFy[1:0]:端口 x 配置位(y = 8 ~ 15)
27:26	软件通过这些位配置相应的 I/O 端口
23:22	在输入模式(MODE[1:0] = 00)
19:18	00:模拟输入模式
15:14	01:浮空输入模式(复位后的状态)
11:10	10:上拉/下拉输入模式
7:6	11:保留
3:2	在输出模式(MODE[1:0] > 00): 00:通用推挽输出模式 01:通用开漏输出模式 10:复用功能推挽输出模式 11:复用功能开漏输出模式
29:28	MODEy[1:0]:端口 x 的模式位(y = 8 ~ 15)
25:24	软件通过这些位配置相应的 I/O 端口
21:20	输入模式(复位后的状态)
17:16	01:输出模式,最大速度 10MHz
13:12	10:输出模式,最大速度 2MHz
9:8, 5:4,1:0	11:输出模式,最大速度 50MHz

从表 12-1 和表 12-2 可以得出:对于 GPIO 端口,每个端口有 16 个引脚,每个引脚的模式由寄存器的 4 个位控制,4 位中两位控制引脚配置(CNFy[1:0]),另外两位控制引脚的模式及最高速率(MODEy[1:0]),其中 y 表示第 y 个引脚。CRL 来控制 pin0 ~ pin7 引脚,CRH 来控制 pin8 ~ pin15 引脚。GPIO 相关的函数和定义分布在固件库文件 stm32f10x_gpio.c 和头文件 stm32f10x_gpio.h 文件中。

在固件库开发中,操作寄存器 CRH 和 CRL 来配置 IO 口的模式和速度是通过 GPIO 初始化函数完成的:

```
void GPIO_Init(GPIO_TypeDef* GPIOx, GPIO_InitTypeDef* GPIO_InitStruct);
```

这个函数有两个参数,第一个参数用来指定 GPIO,第二个参数为初始化参数结构体指针,结构体类型为 GPIO_InitTypeDef。找到 stm32f10x_gpio.c,并打开,找到 GPIO_Init 函数,双击入口参数类型 GPIO_InitTypeDef 后右键选择 " Go to definition of ⋯"可以查看结构体的定义:

```
typedef struct
{   uint16_t GPIO_Pin;
    GPIOSpeed_TypeDef GPIO_Speed;
    GPIOMode_TypeDef GPIO_Mode;
}GPIO_InitTypeDef;
```

(3) GPIOx_IDR。端口输入数据寄存器(x = A ~ E)如图 12-4 所示,其各位功能说明见表 12-3。

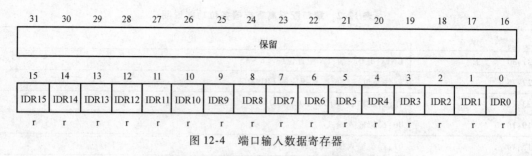

图 12-4　端口输入数据寄存器

表 12-3　端口输入数据寄存器各位功能说明

位	功　能　说　明
31:16	保留,始终读为 0
15:0	IDRy[15:0]:端口输入数据(y = 0 ~ 15)(Port input data) 这些位为只读并只能以字(16 位)的形式读出,读出的值为对应 I/O 口的状态

在固件库中读取 IO 端口数据需要配置 IDR 寄存器,可通过函数 GPIO_ ReadInputDataBit 来实现:

```
uint8_t GPIO_ReadInputDataBit(GPIO_TypeDef* GPIOx, uint16_t GPIO_Pin)
```

若要读取 GPIOA.5 的电平状态,则方法为

```
GPIO_ReadInputDataBit(GPIOA, GPIO_Pin_5);
```

返回值是 1（Bit_ SET）或者 0（Bit_ RESET）。

（4）GPIOx_ ODR。端口输出数据寄存器（x = A ~ E）如图 12-5 所示,其各位功能说明见表 12-4。

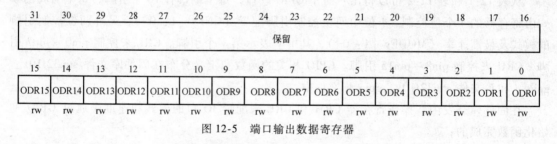

图 12-5　端口输出数据寄存器

表 12-4　端口输出数据寄存器各位功能说明

位	功　能　说　明
31:16	保留,始终读为 0
15:0	ODRy[15:0]:端口输出数据(y = 0 ~ 15)(Port output data) 这些位可读可写并只能以字(16 位)的形式操作 注:对 GPIOx_BSRR(x = A ~ E),可以分别地对各个 ODR 位进行独立的设置/清除

由表 12-4 可以看出,ODR 寄存器是数据输入寄存器,该寄存器只用到了它的低 16 位,向该寄存器写入数据,即可控制某一位 IO 口的输出电平,读取该寄存器,可以知道某一位 IO 口的输出状态。

控制 ODR 寄存器是通过函数 GPIO_ Write 来实现的:

```
void GPIO_Write(GPIO_TypeDef* GPIOx, uint16_t PortVal);
```

（5）GPIOx_ BSRR。端口位设置/清除寄存器（x = A ~ E）如图 12-6 所示,其各位功能说明见表12-5。

31	30	29	28	27	26	25	24	23	22	21	20	19	18	17	16
BR15	BR14	BR13	BR12	BR11	BR10	BR9	BR8	BR7	BR6	BR5	BR4	BR3	BR2	BR1	BR0
w	w	w	w	w	w	w	w	w	w	w	w	w	w	w	w

15	14	13	12	11	10	9	8	7	6	5	4	3	2	1	0
BS15	BS14	BS13	BS12	BS11	BS10	BS9	BS8	BS7	BS6	BS5	BS4	BS3	BS2	BS1	BS0
w	w	w	w	w	w	w	w	w	w	w	w	w	w	w	w

图 12-6　端口输出数据寄存器

表 12-5　端口输出数据寄存器各位功能说明

位	功 能 说 明
31:16	BRy:清除端口 x 的位 y(y = 0 ~ 15)(Port x Reset bit y) 这些位只能写入并只能以字(16 位)的形式操作 0:对对应的 ODRy 位不产生影响 1:清除对应的 ODRy 位为 0 注:如果同时设置了 BSy 和 BRy 的对应位,BSy 位起作用
15:0	BSy: 设置端口 x 的位 y(y = 0 ~ 15)(Port x Set bit y) 这些位只能写入并只能以字(16 位)的形式操作 0:对对应的 ODRy 位不产生影响 1:设置对应的 ODRy 位为 1

BSRR 寄存器是端口位设置/清除寄存器。该寄存器和 ODR 寄存器具有类似的作用,都可以用来设置 GPIO 端口的输出位是 1 还是 0。该寄存器通过举例子可以很清楚地了解它的使用方法。例如要设置 GPIOA 的第一个端口值为 1,只需要往寄存器 BSRR 的低 16 位对应位写 1 即可:GPIOA- > BSRR = 1 << 1;如果要设置 GPIOA 的第一个端口值为 0,可以通过 GPIO_ SetBits 函数实现:GPIO_ SetBits (GPIOA, GPIO_ Pin_ 0);

(6) GPIOx_ BRR 端口位清除寄存器 (x = A ~ E) 如图 12-7 所示,其各位功能说明见表 12-6。

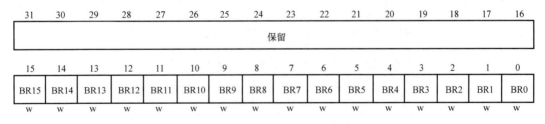

31	30	29	28	27	26	25	24	23	22	21	20	19	18	17	16
保留															

15	14	13	12	11	10	9	8	7	6	5	4	3	2	1	0
BR15	BR14	BR13	BR12	BR11	BR10	BR9	BR8	BR7	BR6	BR5	BR4	BR3	BR2	BR1	BR0
w	w	w	w	w	w	w	w	w	w	w	w	w	w	w	w

图 12-7　端口位清除寄存器

表 12-6　端口位清除寄存器各位功能说明

位	功 能 说 明
31:16	保留
15:0	BRy:清除端口 x 的位 y(y = 0 ~ 15)(Port x Reset bit y) 这些位只能写入并只能以字(16 位)的形式操作 0:对对应的 ODRy 位不产生影响 1:清除对应的 ODRy 位为 0

BRR 寄存器是端口位清除寄存器。该寄存器的作用跟 BSRR 的高 16 位相似，这里就不作详细讲解了。在 STM32 固件库中，通过 BSRR 和 BRR 寄存器设置 GPIO 端口输出是通过函数 GPIO_ SetBits（）和函数 GPIO_ ResetBits（）来完成的：

```
void GPIO_SetBits(GPIO_TypeDef* GPIOx, uint16_t GPIO_Pin);
void GPIO_ResetBits(GPIO_TypeDef* GPIOx, uint16_t GPIO_Pin);
```

在多数情况下，都是采用这两个函数来设置 GPIO 端口的输入和输出状态。比如要设置 GPIOB.5 输出为 1，那么方法为：

```
GPIO_SetBits(GPIOB, GPIO_Pin_5);
```

反之，如果要设置 GPIOB.5 输出为 0，方法为：

```
GPIO_ResetBits (GPIOB, GPIO_Pin_5);
```

（7）GPIOx_ LCKR。端口配置锁定寄存器（x = A ~ E）如图 12-8 所示，其各位功能说明见表 12-7。

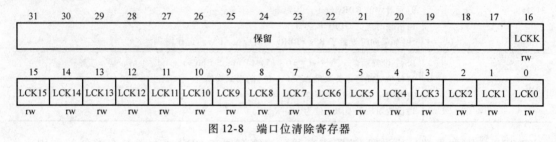

图 12-8　端口位清除寄存器

表 12-7　端口位清除寄存器各位功能说明

位	功 能 说 明
31:17	保留
15:0	LCKK：锁键（Lock key） 该位可随时读出，它只可通过锁键写入序列修改 0：端口配置锁键位激活 1：端口配置锁键位激活，下次系统复位前 GPIOx_LCKR 寄存器被锁住 锁键的写入序列： 写 1→写 0→写 1→读 0→读 1 最后一个读可省略，但可以用来确认锁键已被激活 注：在操作锁键的写入序列时，不能改变 LCK[15:0] 的值 操作锁键写入序列中的任何错误将不能激活锁键
15:0	LCKy：端口 x 的锁位 y（y = 0 ~ 15）（Port x Lock bit y） 这些位可读可写但只能在 LCKK 位为 0 时写入 0：不锁定端口的配置 1：锁定端口的配置

以上是 IO 口相关的寄存器功能描述。

12.1.3　配置 GPIO 寄存器口的输入输出

虽然 IO 操作步骤很简单，但要使 IO 口工作，首先要使能 IO 口时钟。步骤如下

（1）调用函数 RCC_ APB2PeriphClockCmd（）。

（2）初始化 IO 参数，调用函数 GPIO_ Init（）。

（3）操作 IO。

任务 12.2　设计具有倒计时功能的红绿灯

1. 工作任务描述

设计具有倒计时功能的红绿灯电路，并编写程序实现红绿灯的正常运行。

2. 工作任务分析

在任务 1 的基础上设计一个具有倒计时的红绿灯，用能发出红绿黄 3 种光的发光二极管表示 3 种情况的路灯，用数码管来显示倒计时，在距红绿灯颜色交换的时间小于 10s 时，数码管开始工作，进行倒计时。

3. 工作步骤

步骤一：选择合适的单片机引脚。

步骤二：了解单片机端口的输入输出控制方式，掌握相关外围芯片的硬件连接方式和软件驱动方式。

步骤三：打开集成开发环境，建立一个新的工程。

步骤四：编写控制程序，编译生成目标文件。

步骤五：下载调试。

4. 工作任务设计方案及实施

数码管驱动电路如图 12-9 所示。

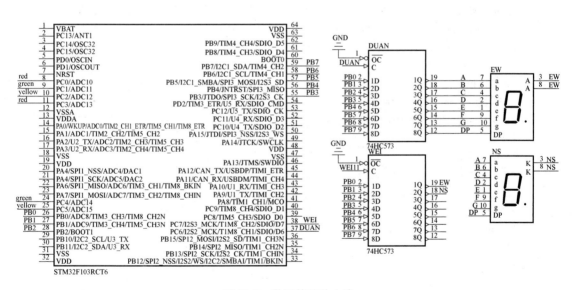

图 12-9　数码管驱动电路

如图 12-9 所示，所使用的数码管是共阴极数码管，数码管引脚 3 和 8 是公共端，接电源负极。电路中用了锁存器 74HC573，在 C 端置高电平时，输入数据 1D～8D 经过锁存器输出到对应的 1Q～8Q，此时 C 位拉低，数据输出就会被锁住，Q 端保持上一时刻的电平状态。使用 74HC573 可以节约 IO 口资源，相当于对 IO 口进行分时复用。

程序示例如下：

```c
#include "stm32f10x.h"

//南北红灯状态
#define LED0_OFF      GPIO_SetBits(GPIOC,GPIO_Pin_0)
#define LED0_ON       GPIO_ResetBits(GPIOC,GPIO_Pin_0)

//南北绿灯状态
#define LED1_OFF      GPIO_SetBits(GPIOC,GPIO_Pin_1)
#define LED1_ON       GPIO_ResetBits(GPIOC,GPIO_Pin_1)

//南北黄灯状态
#define LED2_OFF      GPIO_SetBits(GPIOC,GPIO_Pin_2)
#define LED2_ON       GPIO_ResetBits(GPIOC,GPIO_Pin_2)

//东西红灯状态
#define LED3_OFF      GPIO_SetBits(GPIOC,GPIO_Pin_3)
#define LED3_ON       GPIO_ResetBits(GPIOC,GPIO_Pin_3)

//东西绿灯状态
#define LED4_OFF      GPIO_SetBits(GPIOC,GPIO_Pin_4)
#define LED4_ON       GPIO_ResetBits(GPIOC,GPIO_Pin_4)

//东西黄灯状态
#define LED5_OFF      GPIO_SetBits(GPIOC,GPIO_Pin_5)
#define LED5_ON       GPIO_ResetBits(GPIOC,GPIO_Pin_5)

//定义段选控制位
#define DUAN_ON       GPIO_SetBits(GPIOC,GPIO_Pin_6)
#define DUAN_OFF      GPIO_ResetBits(GPIOC,GPIO_Pin_6)

//定义位选控制位
#define WEI_ON        GPIO_SetBits(GPIOC,GPIO_Pin_7)
#define WEI_OFF       GPIO_ResetBits(GPIOC,GPIO_Pin_7)
/*********************************************************
//名称:函数声明,全局变量定义
*********************************************************/
void LED_GPIO_Init(void);
void Delay(u32 second);
void TIM2_NVIC_Configuration(void);
void TIM2_Init(void);
void Light(void);

u32 NStime = 50;
u32 EWtime = 50;
u8 flag = 1;
```

```
u16 table[16] = {0x3f,0x06,0x5b,0x4f,0x66,0x6d,0x7d,0x07,
                 0x7f,0x6f,0x77,0x7c,0x39,0x5e,0x79,0x71};//数码管数组定义


int main(void)
{
    LED_GPIO_Init();      //GPIO口初始化
    TIM2_Init();               //定时器2初始化
    TIM2_NVIC_Configuration();        //配置定时器2优先级
    while(1)
    {
        Light();
    }
}
/************************************************************
//名称:LED_GPIO_Init(void)
//功能:IO口初始化
************************************************************/
void LED_GPIO_Init(void)
{
        GPIO_InitTypeDef GPIO_InitStructure;
    RCC_APB2PeriphClockCmd(RCC_PB2Periph_GPIOC|RCC_APB2Periph_GPIOB, ENABLE)
        GPIO_InitStructure.GPIO_Pin = GPIO_Pin_0;
        GPIO_InitStructure.GPIO_Mode = GPIO_Mode_Out_PP;
        GPIO_InitStructure.GPIO_Speed = GPIO_Speed_50MHz;
        GPIO_Init(GPIOC, &GPIO_InitStructure);

        GPIO_InitStructure.GPIO_Pin = GPIO_Pin_1;
        GPIO_Init(GPIOC, &GPIO_InitStructure);

        GPIO_InitStructure.GPIO_Pin = GPIO_Pin_2;
        GPIO_Init(GPIOC, &GPIO_InitStructure);

        GPIO_InitStructure.GPIO_Pin = GPIO_Pin_3;
        GPIO_Init(GPIOC, &GPIO_InitStructure);

        GPIO_InitStructure.GPIO_Pin = GPIO_Pin_4;
        GPIO_Init(GPIOC, &GPIO_InitStructure);

        GPIO_InitStructure.GPIO_Pin = GPIO_Pin_5;
        GPIO_Init(GPIOC, &GPIO_InitStructure);

        GPIO_InitStructure.GPIO_Pin = GPIO_Pin_6;
        GPIO_Init(GPIOC, &GPIO_InitStructure);
```

```
              GPIO_InitStructure. GPIO_Pin = GPIO_Pin_7;
              GPIO_Init(GPIOC, &GPIO_InitStructure);

              GPIO_InitStructure. GPIO_Pin = GPIO_Pin_0;
              GPIO_Init(GPIOB, &GPIO_InitStructure);

              GPIO_InitStructure. GPIO_Pin = GPIO_Pin_1;
              GPIO_Init(GPIOB, &GPIO_InitStructure);

              GPIO_InitStructure. GPIO_Pin = GPIO_Pin_2;
              GPIO_Init(GPIOB, &GPIO_InitStructure);

              GPIO_InitStructure. GPIO_Pin = GPIO_Pin_3;
              GPIO_Init(GPIOB, &GPIO_InitStructure);

              GPIO_InitStructure. GPIO_Pin = GPIO_Pin_4;
              GPIO_Init(GPIOB, &GPIO_InitStructure);

              GPIO_InitStructure. GPIO_Pin = GPIO_Pin_5;
              GPIO_Init(GPIOB, &GPIO_InitStructure);

              GPIO_InitStructure. GPIO_Pin = GPIO_Pin_6;
              GPIO_Init(GPIOB, &GPIO_InitStructure);

              GPIO_InitStructure. GPIO_Pin = GPIO_Pin_7;
              GPIO_Init(GPIOB, &GPIO_InitStructure);
    GPIO_SetBits(GPIOC, GPIO_Pin_0 |GPIO_Pin_1 |GPIO_Pin_2 |GPIO_Pin_3 |GPIO_Pin_4 |GPIO_
Pin_5 |GPIO_Pin_6 |GPIO_Pin_7);
      GPIO_SetBits(GPIOB,GPIO_Pin_0 |GPIO_Pin_1 |GPIO_Pin_2 |GPIO_Pin_3 |GPIO_Pin_4 |GPIO
_Pin_5 |GPIO_Pin_6 |GPIO_Pin_7);
      }
    /***********************************************************
    //名称:Light(void)
    //功能:亮灯过程
    ***********************************************************/
    void Light(void)
    {
          if(flag = =1)
          {
              if(NStime > =15)
              {
                  LED0_OFF;
```

```
            LED2_OFF;
            LED1_ON;
            DUAN_ON;
            GPIO_Write(GPIOB,0XFF);
            DUAN_OFF;
            WEI_ON;
            GPIO_Write(GPIOB,0XFD);
            WEI_OFF;
    }
    if(NStime<15&&NStime>5)
    {
            LED0_OFF;
            LED2_OFF;
            LED1_ON;
            DUAN_ON;
            GPIO_Write(GPIOB,table[NStime-5]);
            DUAN_OFF;
            WEI_ON;
            GPIO_Write(GPIOB,0XFD);
            WEI_OFF;
    }
    if(NStime<=5)
    {
            LED0_OFF;
            LED1_OFF;
            LED2_ON;
            DUAN_ON;
            GPIO_Write(GPIOB,0XFF);
            DUAN_OFF;
            WEI_ON;
            GPIO_Write(GPIOB,0XFD);
            WEI_OFF;

    }
    if(EWtime>=10)
    {
            LED4_OFF;
            LED5_OFF;
            LED3_ON;
            DUAN_ON;
            GPIO_Write(GPIOB,0XFF);
            DUAN_OFF;
            WEI_ON;
```

```
                GPIO_Write(GPIOB,0XFE);
                WEI_OFF;
            }
            if(EWtime<10)
            {
                LED4_OFF;
                LED5_OFF;
                LED3_ON;
                DUAN_ON;
                GPIO_Write(GPIOB,table[EWtime]);
                DUAN_OFF;
                WEI_ON;
                GPIO_Write(GPIOB,0XFE);
                WEI_OFF;
            }
        }
        if(flag==0)
        {
                if(EWtime>=15)
            {
                LED3_OFF;
                LED5_OFF;
                LED4_ON;
                DUAN_ON;
                GPIO_Write(GPIOB,0XFF);
                DUAN_OFF;
                WEI_ON;
                GPIO_Write(GPIOB,0XFE);
                WEI_OFF;
            }
            if(EWtime<15&&EWtime>5)
            {
                LED3_OFF;
                LED5_OFF;
                LED4_ON;
                DUAN_ON;
                GPIO_Write(GPIOB,table[EWtime-5]);
                DUAN_OFF;
                WEI_ON;
                GPIO_Write(GPIOB,0XFE);
                WEI_OFF;
            }
            if(EWtime<=5)
```

```
            {
                LED3_OFF;
                LED4_OFF;
                LED5_ON;
                DUAN_ON;
                GPIO_Write(GPIOB,0XFF);
                DUAN_OFF;
                WEI_ON;
                GPIO_Write(GPIOB,0XFE);
                WEI_OFF;

            }
            if(NStime > =10)
            {
                LED1_OFF;
                LED2_OFF;
                LED0_ON;
                DUAN_ON;
                GPIO_Write(GPIOB,0XFF);
                DUAN_OFF;
                WEI_ON;
                GPIO_Write(GPIOB,0XFD);
                WEI_OFF;
            }
            if(NStime <10)
            {
                LED1_OFF;
                LED2_OFF;
                LED0_ON;
                DUAN_ON;
                GPIO_Write(GPIOB,table[NStime]);
                DUAN_OFF;
                WEI_ON;
                GPIO_Write(GPIOB,0XFD);
                WEI_OFF;
            }
        }
}
/************************************************************
//名称:TIM2_NVIC_Configuration(void)
//功能:配置定时器2 的中断优先级
************************************************************/
void TIM2_NVIC_Configuration(void)
```

```
{
        NVIC_InitTypeDef NVIC_InitStructure;

        NVIC_PriorityGroupConfig(NVIC_PriorityGroup_0);
        NVIC_InitStructure. NVIC_IRQChannel = TIM2_IRQn;
        NVIC_InitStructure. NVIC_IRQChannelPreemptionPriority = 0;
        NVIC_InitStructure. NVIC_IRQChannelSubPriority = 3;
        NVIC_InitStructure. NVIC_IRQChannelCmd = ENABLE;
        NVIC_Init(&NVIC_InitStructure);
}
/***********************************************************
//名称:TIM2_Init(void)
//功能:定时器2初始化
***********************************************************/
void TIM2_Init(void)
{
        TIM_TimeBaseInitTypeDef   TIM_TimeBaseStructure;
        RCC_APB1PeriphClockCmd(RCC_APB1Periph_TIM2 , ENABLE);
        TIM_TimeBaseStructure. TIM_Period = 9999;
        TIM_TimeBaseStructure. TIM_Prescaler = 7199;
        TIM_TimeBaseStructure. TIM_ClockDivision = 0;
        TIM_TimeBaseStructure. TIM_CounterMode = TIM_CounterMode_Up;
        TIM_TimeBaseInit(TIM2, &TIM_TimeBaseStructure);
        TIM_ClearFlag(TIM2, TIM_FLAG_Update);
        TIM_ITConfig(TIM2,TIM_IT_Update,ENABLE);
        TIM_Cmd(TIM2, ENABLE);
        RCC_APB1PeriphClockCmd(RCC_APB1Periph_TIM2 , DISABLE);
}
/***********************************************************
//名称:TIM2_IRQHandler(void)
//功能:定时器2中断服务函数
***********************************************************/

void TIM2_IRQHandler(void)
{
        if(TIM_GetITStatus(TIM2, TIM_IT_Update) ! = RESET)
          {
                if(NStime <= 0)
                {
                    NStime = 50;
                    flag^ = flag;
                }
                NStime--;
```

```
                    EWtime = NStime;
                    TIM_ClearITPendingBit(TIM2, TIM_IT_Update );
                }
        }
```

● 问题及知识点引入

◇ STM32 的定时器有多少？它们是怎样工作的？

◇ 定时器相关的寄存器都有哪些？它们有什么功能？

◇ 怎样配置定时器？

12.2.1 定时器介绍

STM32 的定时器外设功能非常强大，在 STM32 的参考手册中定时器占据了很大篇幅。STM32 的通用定时器可以被用于定时、信号频率测量、信号的 PWM 测量和 PWM 输出。STM32 有 8 个 16 位定时器，包括有 4 个通用定时器 TIM2、TIM3、TIM4 和 TIM5，两个基本定时器 TIM5、TIM6，两个高级定时器 TIM1、TIM8。通用定时器框图如图 12-10 所示。

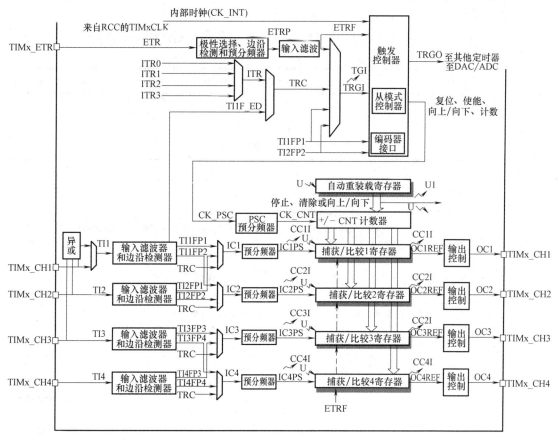

图 12-10　通用定时器框图

STM32 的基本定时器，使用的时钟源是 TIMxCLK，然后经过 PSC 预分频器到 IMx _ CNT，而且基本定时器只能工作在向上的计数模式。设置完初始值后，计数器开始工作，根据时钟信号频率，脉冲计数器 TIMx_CNT 的值会不断增加，直到增加到和重载寄存器 TIMx_ARR中的值相等时，产生定时器溢出中断，然后 TIMx_CNT 的值被清零，重新开始计数，往复循环，实现计数功能。

通用定时器是由一个通过可编程预分频器驱动的 16 位自动装载计数器构成的，它适用于多种场合，例如测量输入信号的脉冲长度（输入捕获）或者产生输出波形（输出比较和 PWM）。使用定时器预分频器和 RCC 时钟控制器预分频器，脉冲长度和波形周期可以在几个微秒到几个毫秒之间调整。每个定时器都是完全独立的，没有互相共享任何资源，它们可以一起同步操作。

如下事件发生时产生中断/DMA：

（1）计数器初始化（通过软件或者内部/外部触发），计数器向上溢出/向下溢出。

（2）触发事件（计数器启动、停止、初始化或者由内部/外部触发计数）。

（3）输入捕获。

（4）输出比较。

12.2.2　通用定时器相关寄存器

本节主要对通用定时器相关寄存器进行介绍。

（1）TIMx_CR1。控制寄存器 1 如图 12-11 所示，其各位功能说明见表 12-8。

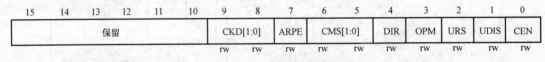

图 12-11　控制寄存器 1

表 12-8　控制寄存器各位功能说明

位	功　能　说　明
15:10	保留,始终读为 0
9:8	CKD[1:0]：时钟分频因子（Clock division） 定义在定时器时钟(CK_INT)频率与数字滤波器(ETR,TIx)使用的采样频率之间的分频比例 00:tDTS = tCK_INT 01:tDTS = 2 × tCK_INT 10:tDTS = 4 × tCK_INT 11:保留
7	ARPE:自动重装载预装载允许位（Auto-reload preload enable） 0:TIMx_ARR 寄存器没有缓冲 1:TIMx_ARR 寄存器被装入缓冲器
6:5	CMS[1:0]:选择中央对齐模式（Center-aligned mode selection） 00:边沿对齐模式。计数器依据方向位(DIR)向上或向下计数 01:中央对齐模式 1。计数器交替地向上和向下计数。配置为输出的通道(TIMx_CCMRx 寄存器中 CCxS = 00)的输出比较中断标志位,只在计数器向下计数时被设置 10:中央对齐模式 2。计数器交替地向上和向下计数。配置为输出的通道(TIMx_CCMRx 寄存器中 CCxS = 00)的输出比较中断标志位,只在计数器向上计数时被设置 11:中央对齐模式 3。计数器交替地向上和向下计数。配置为输出的通道(TIMx_CCMRx 寄存器中 CCxS = 00)的输出比较中断标志位,在计数器向上和向下计数时均被设置 注:在计数器开启时 CEN = 1

（续）

位	功　能　说　明
4	DIR:方向（Direction） 0:计数器向上计数 1:计数器向下计数 注:当计数器配置为中央对齐模式或编码器模式时,该位为只读
3	OPM:单脉冲模式（One pulse mode） 0:在发生更新事件时,计数器不停止 1:在发生下一次更新事件(清除 CEN 位)时,计数器停止
2	URS:更新请求源（Update request source） 软件通过该位选择 UEV 事件的源 0:如果使能了更新中断或 DMA 请求,则下述任一事件产生更新中断或 DMA 请求: ①计数器溢出/下溢 ②设置 UG 位 ③从模式控制器产生的更新 1:如果使能了更新中断或 DMA 请求,则只有计数器溢出/下溢才产生更新中断或 DMA 请求
1	UDIS:禁止更新（Update disable） 软件通过该位允许/禁止 UEV 事件的产生 0:允许 UEV。更新(UEV)事件由下述任一事件产生: ①计数器溢出/下溢 ②设置 UG 位 ③从模式控制器产生的更新 具有缓存的寄存器被装入它们的预装载值。(译注:更新影子寄存器) 1:禁止 UEV。不产生更新事件,影子寄存器(ARR、PSC、CCRx)保持它们的值。如果设置了 UG 位或从模式控制器发出了一个硬件复位,则计数器和预分频器被重新初始化
0	CEN:使能计数器 0:禁止计数器 1:使能计数器 注:在软件设置了 CEN 位后,外部时钟、门控模式和编码器模式才能工作。触发模式可以自动地通过硬件设置 CEN 位 在单脉冲模式下,当发生更新事件时,CEN 被自动清除

控制寄存器 TIMx_CR1 复位值 0x0000，该寄存器第 0 位是计数寄存器使能位，该位必须置 1 计数器才能工作，如果关闭计数器，只需要将该位置 0。本实验中必须使能计数器功能。第 4 位是方向寄存器，该位置 0，从 0 开始计数，计数器（TIMx_CNT）的值不断累加循环；该位置 1，数值进行减数循环。

（2）TIMx_CR2。控制寄存器 2 如图 12-12 所示，其各位功能说明见表 12-9。

图 12-12　控制寄存器 2

表 12-9　控制寄存器 2 各位功能说明

位	功　能　说　明
15:8	保留,始终读为 0
7	TI1S:TI1 选择（TI1 selection） 0:TIMx_CH1 引脚连到 TI1 输入 1:TIMx_CH1、TIMx_CH2 和 TIMx_CH3 引脚经异或后连到 TI1 输入

（续）

位	功 能 说 明
6:4	MMS[2:0]:主模式选择（Master mode selection） 这 3 位用于选择在主模式下送到从定时器的同步信息（TRGO）。可能的组合如下: 000:复位。TIMx_EGR 寄存器的 UG 位被用于作为触发输出（TRGO）。如果是触发输入产生的复位（从模式控制器处于复位模式），则 TRGO 上的信号相对实际的复位会有一个延迟 001:使能。计数器使能信号 CNT_EN 被用于作为触发输出（TRGO）。有时需要在同一时间启动多个定时器或控制在一段时间内使能从定时器。计数器使能信号是通过 CEN 控制位和门控模式下的触发输入信号的逻辑或产生 当计数器使能信号受控于触发输入时，TRGO 上会有一个延迟，除非选择了主/从模式（见 TIMx_SMCR 寄存器中 MSM 位的描述） 010:更新。更新事件被选为触发输入（TRGO）。例如，一个主定时器的时钟可以被用作一个从定时器的预分频器 011:比较脉冲。在发生一次捕获或一次比较成功时，当要设置 CC1IF 标志时（即使它已经为高），触发输出送出一个正脉冲（TRGO） 100:比较。OC1REF 信号被用于作为触发输出（TRGO） 101:比较。OC2REF 信号被用于作为触发输出（TRGO） 110:比较。OC3REF 信号被用于作为触发输出（TRGO） 111:比较。OC4REF
3	CCDS:捕获/比较的 DMA 选择（Capture/compare DMA selection） 0:当发生 CCx 事件时，送出 CCx 的 DMA 请求 1:当发生更新事件时，送出 CCx 的 DMA 请求
2:0	保留,始终读为 0

（3）TIMx_DIER。DMA/中断使能寄存器如图 12-13 所示，其各位功能说明见表 12-10。

15	14	13	12	11	10	9	8	7	6	5	4	3	2	1	0
保留	TDE	保留	CC4DE	CC3DE	CC2DE	CC1DE	UDE	保留	TIE	保留	CC4IE	CC3IE	CC2IE	CC1IE	UIE
	rw		rw	rw	rw	rw	rw		rw		rw	rw	rw	rw	rw

图 12-13　DMA/中断使能寄存器

表 12-10　DMA/中断使能寄存器各位功能说明

位	功 能 说 明
15	保留,始终读为 0
14	TDE:允许触发 DMA 请求（Trigger DMA request enable） 0:禁止触发 DMA 请求 1:允许触发 DMA 请求
13	保留,始终读为 0
12	CC4DE:允许捕获/比较 4 的 DMA 请求（Capture/Compare 4 DMA request enable） 0:禁止捕获/比较 4 的 DMA 请求 1:允许捕获/比较 4 的 DMA 请求
11	CC3DE:允许捕获/比较 3 的 DMA 请求（Capture/Compare 3 DMA request enable） 0:禁止捕获/比较 3 的 DMA 请求 1:允许捕获/比较 3 的 DMA 请求
10	CC2DE:允许捕获/比较 2 的 DMA 请求（Capture/Compare 2 DMA request enable） 0:禁止捕获/比较 2 的 DMA 请求 1:允许捕获/比较 2 的 DMA 请求

（续）

位	功　能　说　明
9	CC1DE:允许捕获/比较 1 的 DMA 请求（Capture/Compare 1 DMA request enable） 0:禁止捕获/比较 1 的 DMA 请求 1:允许捕获/比较 1 的 DMA 请求
8	UDE:允许更新的 DMA 请求（Update DMA request enable） 0:禁止更新的 DMA 请求 1:允许更新的 DMA 请求
7	保留,始终读为 0
6	TIE:触发中断使能（Trigger interrupt enable） 0:禁止触发中断 1:使能触发中断
5	保留,始终读为 0
4	CC4IE:允许捕获/比较 4 中断（Capture/Compare 4 interrupt enable） 0:禁止捕获/比较 4 中断 1:允许捕获/比较 4 中断
3	CC3IE:允许捕获/比较 3 中断（Capture/Compare 3 interrupt enable） 0:禁止捕获/比较 3 中断 1:允许捕获/比较 3 中断
2	CC2IE:允许捕获/比较 2 中断（Capture/Compare 2 interrupt enable） 0:禁止捕获/比较 2 中断 1:允许捕获/比较 2 中断
1	CC1IE:允许捕获/比较 1 中断（Capture/Compare 1 interrupt enable） 0:禁止捕获/比较 1 中断 1:允许捕获/比较 1 中断
0	UIE:允许更新中断（Update interrupt enable） 0:禁止更新中断 1:允许更新中断

　　DMA/中断使能寄存器（TIMx_DIER）是一个 16 位的寄存器,本实验用到的是该寄存器的第 0 位 UIE,该位置 1 允许更新中断,该位置 0 禁止更新中断。本实验中要用到中断,所以该位置 1。CC1IE ~ CC4IE 是捕获/比较中断使能位。第 6 位触发中断使能,置 1 使能触发中断,置 0 禁止触发中断。第 8 ~ 14 位对 DMA 控制位进行控制。

　　（4）TIMx_PSC。预分频器寄存器如图 12-14 所示,其各位功能说明见表 12-11。

图 12-14　预分频器寄存器

表 12-11　预分频器寄存器各位功能说明

位	功　能　说　明
15:0	PSC[15:0]:预分频器的值（Prescaler value） 计数器的时钟频率 CK_CNT 等于 fCK_PSC/(PSC[15:0] +1) PSC 包含了当更新事件产生时装入当前预分频器寄存器的值

预分频寄存器（TIMx_PSC）的作用是设置对时钟的分频，分频后的脉冲供给计数器，作为计数器的时钟。预分频寄存器的时钟源有 4 个，分别为内部时钟（CK_INT）、外部输入脚（TIx）、外部触发输入（ETR）、使用 A 定时器作为 B 定时器的预分频器——即 A 为 B 提供时钟源。这里的 CK_INT 时钟是从 APB1 倍频的来的，STM32 中除非 APB1 的时钟分频数设置为 1，否则通用定时器 TIMx 的时钟是 APB1 时钟的 2 倍。当 APB1 的时钟不分频的时候，通用定时器 TIMx 的时钟就等于 APB1 的时钟。另需注意的是，高级定时器的时钟不是来自 APB1，而是来自 APB2 的。

（5）TIMx_CNT。计数器寄存器如图 12-15 所示，其各位功能见表 12-12。

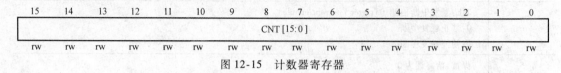

图 12-15 计数器寄存器

表 12-12 计数器寄存器各位功能说明

位	功 能 说 明
15:0	CNT[15:0]：计数器的值（Counter value）

该寄存器具有计数功能，该寄存器中的值是计数器的计数值。

（6）TIMx_ARR。自动重装载寄存器如图 12-16 所示，其各位功能说明见表 12-13。

图 12-16 自动重装载寄存器

表 12-13 自动重装载寄存器各位功能说明

位	功 能 说 明
15:0	ARR[15:0]：自动重装载的值（Prescaler value） ARR 包含了将要装载入实际的自动重装载寄存器的值 当自动重装载的值为空时，计数器不工作

自动重装载寄存器是预先装载的，写或读自动重装载寄存器将访问预装载寄存器。根据在 TIMx_CR1 寄存器中的自动装载预装载使能位（ARPE）的设置，预装载寄存器的内容被立即或在每次的更新事件 UEV 时传送到影子寄存器。当计数器达到溢出条件（向下计数时的下溢条件）并当 TIMx_CR1 寄存器中的 UDIS 位等于 0 时，产生更新事件。更新事件也可以由软件产生随后会详细描述每一种配置下更新事件的产生。计数器由预分频器的时钟输出 CK_CNT 驱动，仅当设置了计数器 TIMx_CR1 寄存器中的计数器使能位（CEN）时，CK_CNT 才有效。

（7）TIMx_SR。状态寄存器如图 12-17 所示，其各位功能说明见表 12-14。

图 12-17 状态寄存器

表 12-14　状态寄存器各位功能说明

位	功　能　说　明
15:13	保留,始终读为 0
12	CC4OF:捕获/比较 4 重复捕获标记（Capture/Compare 4 overcapture flag） 参见 CC1OF 描述
11	CC3OF:捕获/比较 3 重复捕获标记（Capture/Compare 3 overcapture flag） 参见 CC1OF 描述
10	CC2OF:捕获/比较 2 重复捕获标记（Capture/Compare 2 overcapture flag）
9	CC1OF:捕获/比较 1 重复捕获标记（Capture/Compare 1 overcapture flag） 仅当相应的通道被配置为输入捕获时,该标记可由硬件置 1,写 0 可清除该位 0:无重复捕获产生 1:当计数器的值被捕获到 TIMx_CCR1 寄存器时,CC1IF 的状态已经为 1
8:7	保留,始终读为 0
6	TIF:触发器中断标记（Trigger interrupt flag） 当发生触发事件(当从模式控制器处于除门控模式外的其他模式时,在 TRGI 输入端检测到有效边沿,或门控模式下的任一边沿)时由硬件对该位置 1。它由软件清 0 0:无触发器事件产生 1:触发器中断等待响应
5	保留,始终读为 0
4	CC4IF:捕获/比较 4 中断标记（Capture/Compare 4 interrupt flag） 参考 CC1IF 描述
3	CC3IF:捕获/比较 3 中断标记（Capture/Compare 3 interrupt flag） 参考 CC1IF 描述
2	CC2IF:捕获/比较 2 中断标记（Capture/Compare 2 interrupt flag） 参考 CC1IF 描述
1	CC1IF:捕获/比较 1 中断标记（Capture/Compare 1 interrupt flag） 如果通道 CC1 配置为输出模式: 当计数器值与比较值匹配时该位由硬件置 1,但在中心对称模式下除外(参考 TIMx_CR1 寄存器的 CMS 位)。它由软件清 0 0:无匹配发生 1:TIMx_CNT 的值与 TIMx_CCR1 的值匹配 如果通道 CC1 配置为输入模式: 当捕获事件发生时该位由硬件置 1,它由软件清 0 或通过读 TIMx_CCR1 清 0 0:无输入捕获产生 1:计数器值已被捕获(复制)至 TIMx_CCR1(在 IC1 上检测到与所选极性相同的边沿)
0	UIF:更新中断标记（Update interrupt flag） 当产生更新事件时该位由硬件置 1,由软件清 0 0:无更新事件产生 1:更新中断等待响应。当寄存器被更新时该位由硬件置 1 若 TIMx_CR1 寄存器的 UDIS = 0、URS = 0,当 TIMx_EGR 寄存器的 UG = 1 时产生更新事件(软件对计数器 CNT 重新初始化) 若 TIMx_CR1 寄存器的 UDIS = 0、URS = 0,当计数器 CNT 被触发事件重初始化时产生更新事件(参考同步控制寄存器的说明)

如果发生中断该寄存器中的相关位会被置位,因此可通过检测寄存器的相关位来判断是否发生中断。定时器相关的库函数主要集中在固件库文件 stm32f10x_tim.h 和 stm32f10x_tim.c 中。

12.2.3　定时器寄存器的配置

配置寄存器的一般步骤如下：

（1）时钟使能。

（2）初始化定时器，初始化自动重装值、计数方式和分频系数。

（3）定时器工作使能。

（4）允许中断更新。

（5）设置定时器工作优先级。

（6）配置中断服务函数。

任务 12.3　设计等待时间可调的红绿灯

1. 工作任务描述

在任务 2 的基础上设计出具有红绿灯时间变换功能的红绿灯，可以人为地设定一个时间周期的长短。

2. 工作任务分析

在任务 2 的基础上，加上按键进行控制，从而可以调节红绿灯的变换时间长短。

3. 工作步骤

步骤一：选择合适的外围接口。

步骤二：了解单片机端口的输入输出控制方式，掌握相关外围芯片的硬件连接方式和软件驱动方式。

步骤三：打开集成开发环境，建立一个新的工程。

步骤四：编写控制程序，编译生成目标文件。

步骤五：下载调试。

4. 工作任务设计方案及实施

按键电路如图 12-18 所示，按键 1 连接 PC9 端口，每按一次时间增加 1s，按键 2 连接 PC15 端口，每按一次时间减少 1s。

程序示例如下：

```
#include "stm32f10x.h"
#include "stm32f10x_exti.h"
#include "stm32f10x_gpio.h"

//定义南北红灯状态
#define LED0_OFF  GPIO_SetBits(GPIOC,GPIO_Pin_0)
#define LED0_ON   GPIO_ResetBits(GPIOC,GPIO_Pin_0)

//定义南北绿灯状态
#define LED1_OFF  GPIO_SetBits(GPIOC,GPIO_Pin_1)
#define LED1_ON   GPIO_ResetBits(GPIOC,GPIO_Pin_1)
```

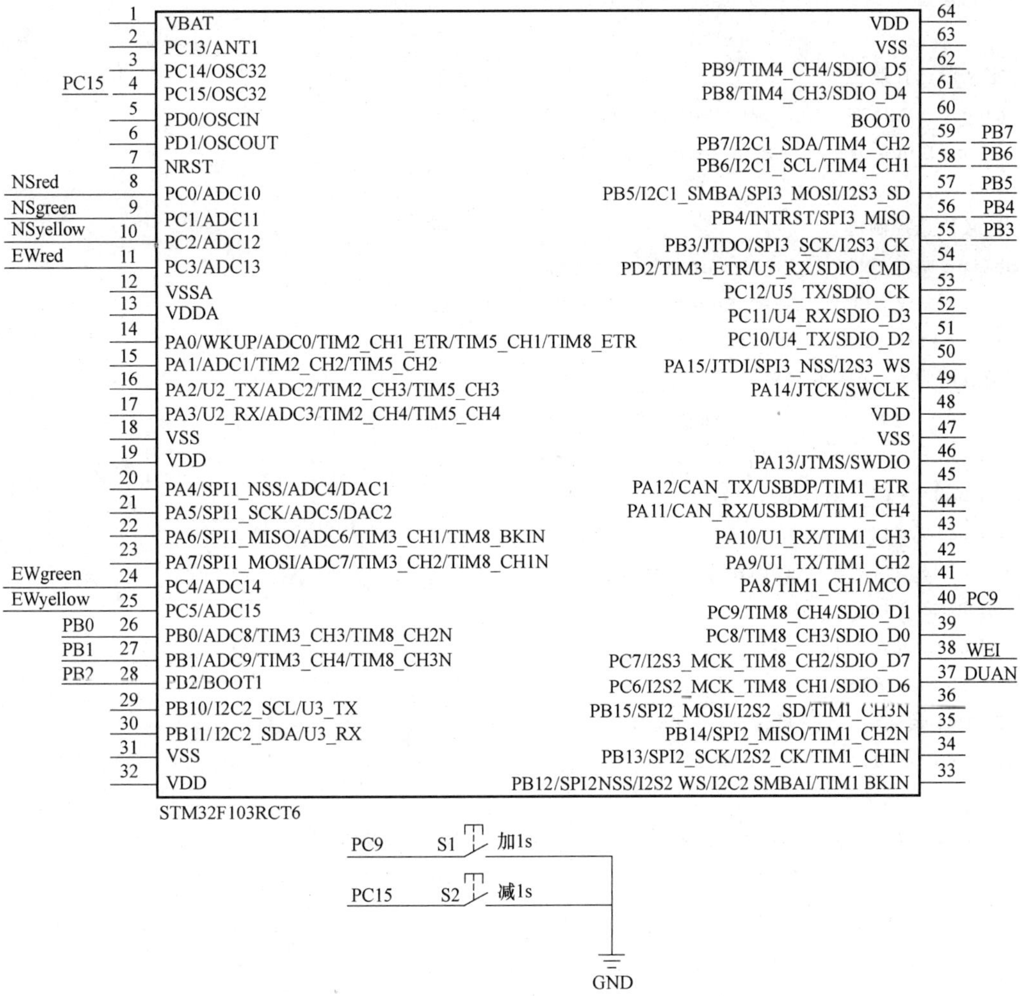

1	VBAT	VDD	64
2	PC13/ANT1	VSS	63
3	PC14/OSC32	PB9/TIM4_CH4/SDIO_D5	62
PC15 4	PC15/OSC32	PB8/TIM4_CH3/SDIO_D4	61
5	PD0/OSCIN	BOOT0	60
6	PD1/OSCOUT	PB7/I2C1_SDA/TIM4_CH2	59 PB7
7	NRST	PB6/I2C1_SCL/TIM4_CH1	58 PB6
NSred 8	PC0/ADC10	PB5/I2C1_SMBA/SPI3_MOSI/I2S3_SD	57 PB5
NSgreen 9	PC1/ADC11	PB4/INTRST/SPI3_MISO	56 PB4
NSyellow 10	PC2/ADC12	PB3/JTDO/SPI3_SCK/I2S3_CK	55 PB3
EWred 11	PC3/ADC13	PD2/TIM3_ETR/U5_RX/SDIO_CMD	54
12	VSSA	PC12/U5_TX/SDIO_CK	53
13	VDDA	PC11/U4_RX/SDIO_D3	52
14	PA0/WKUP/ADC0/TIM2_CH1_ETR/TIM5_CH1/TIM8_ETR	PC10/U4_TX/SDIO_D2	51
15	PA1/ADC1/TIM2_CH2/TIM5_CH2	PA15/JTDI/SPI3_NSS/I2S3_WS	50
16	PA2/U2_TX/ADC2/TIM2_CH3/TIM5_CH3	PA14/JTCK/SWCLK	49
17	PA3/U2_RX/ADC3/TIM2_CH4/TIM5_CH4	VDD	48
18	VSS	VSS	47
19	VDD	PA13/JTMS/SWDIO	46
20	PA4/SPI1_NSS/ADC4/DAC1	PA12/CAN_TX/USBDP/TIM1_ETR	45
21	PA5/SPI1_SCK/ADC5/DAC2	PA11/CAN_RX/USBDM/TIM1_CH4	44
22	PA6/SPI1_MISO/ADC6/TIM3_CH1/TIM8_BKIN	PA10/U1_RX/TIM1_CH3	43
23	PA7/SPI1_MOSI/ADC7/TIM3_CH2/TIM8_CH1N	PA9/U1_TX/TIM1_CH2	42
EWgreen 24	PC4/ADC14	PA8/TIM1_CH1/MCO	41
EWyellow 25	PC5/ADC15	PC9/TIM8_CH4/SDIO_D1	40 PC9
PB0 26	PB0/ADC8/TIM3_CH3/TIM8_CH2N	PC8/TIM8_CH3/SDIO_D0	39
PB1 27	PB1/ADC9/TIM3_CH4/TIM8_CH3N	PC7/I2S3_MCK_TIM8_CH2/SDIO_D7	38 WEI
PB2 28	PD2/BOOT1	PC6/I2S2_MCK_TIM8_CH1/SDIO_D6	37 DUAN
29	PB10/I2C2_SCL/U3_TX	PB15/SPI2_MOSI/I2S2_SD/TIM1_CH3N	36
30	PB11/I2C2_SDA/U3_RX	PB14/SPI2_MISO/TIM1_CH2N	35
31	VSS	PB13/SPI2_SCK/I2S2_CK/TIM1_CHIN	34
32	VDD	PB12/SPI2NSS/I2S2_WS/I2C2_SMBAI/TIM1_BKIN	33

STM32F103RCT6

PC9　　S1　加1s

PC15　　S2　减1s

GND

图 12-18　按键电路

```
//定义南北黄灯状态
#define LED2_OFF  GPIO_SetBits(GPIOC,GPIO_Pin_2)
#define LED2_ON   GPIO_ResetBits(GPIOC,GPIO_Pin_2)

//定义东西红灯状态
#define LED3_OFF  GPIO_SetBits(GPIOC,GPIO_Pin_3)
#define LED3_ON   GPIO_ResetBits(GPIOC,GPIO_Pin_3)

//定义东西绿灯状态
#define LED4_OFF  GPIO_SetBits(GPIOC,GPIO_Pin_4)
#define LED4_ON   GPIO_ResetBits(GPIOC,GPIO_Pin_4)

//定义东西黄灯状态
#define LED5_OFF  GPIO_SetBits(GPIOC,GPIO_Pin_5)
```

```
#define LED5_ON    GPIO_ResetBits(GPIOC,GPIO_Pin_5)

//定义段选控制位
#define DUAN_ON       GPIO_SetBits(GPIOC,GPIO_Pin_6)
#define DUAN_OFF      GPIO_ResetBits(GPIOC,GPIO_Pin_6)

//定义位选控制位
#define WEI_ON        GPIO_SetBits(GPIOC,GPIO_Pin_7)
#define WEI_OFF       GPIO_ResetBits(GPIOC,GPIO_Pin_7)
/*************************************************************
//函数声明,全局变量定义
**************************************************************/
void EXTI_Config(void);
void LED_GPIO_Init(void);
void delayms(u32 ms);
void TIM2_NVIC_Configuration(void);
void TIM2_Init(void);
void Light(void);
u32 NStime = 50;
u32 EWtime = 50;
u32 INPUT = 50;
u8 flag = 1;
u16 table[16] = {0x3f,0x06,0x5b,0x4f,0x66,0x6d,0x7d,0x07,
                      0x7f,0x6f,0x77,0x7c,0x39,0x5e,0x79,0x71};

int main(void)
{
    LED_GPIO_Init();
    TIM2_Init();
    TIM2_NVIC_Configuration();
    EXTI_Config();
    while(1)
    {
            Light();
    }
}
/*************************************************************
//名称:LED_GPIO_Init(void)
//功能:IO 口初始化
**************************************************************/
void LED_GPIO_Init(void)
{
        GPIO_InitTypeDef GPIO_InitStructure;
```

```
RCC_APB2PeriphClockCmd(RCC_APB2Periph_GPIOC|RCC_APB2Periph_GPIOB, ENABLE);
GPIO_InitStructure.GPIO_Pin = GPIO_Pin_0;
GPIO_InitStructure.GPIO_Mode = GPIO_Mode_Out_PP;
GPIO_InitStructure.GPIO_Speed = GPIO_Speed_50MHz;
GPIO_Init(GPIOC, &GPIO_InitStructure);

GPIO_InitStructure.GPIO_Pin = GPIO_Pin_1;
GPIO_Init(GPIOC, &GPIO_InitStructure);

GPIO_InitStructure.GPIO_Pin = GPIO_Pin_2;
GPIO_Init(GPIOC, &GPIO_InitStructure);

GPIO_InitStructure.GPIO_Pin = GPIO_Pin_3;
GPIO_Init(GPIOC, &GPIO_InitStructure);

GPIO_InitStructure.GPIO_Pin = GPIO_Pin_4;
GPIO_Init(GPIOC, &GPIO_InitStructure);

GPIO_InitStructure.GPIO_Pin = GPIO_Pin_5;
GPIO_Init(GPIOC, &GPIO_InitStructure);

GPIO_InitStructure.GPIO_Pin = GPIO_Pin_6;
GPIO_Init(GPIOC, &GPIO_InitStructure);

GPIO_InitStructure.GPIO_Pin = GPIO_Pin_7;
GPIO_Init(GPIOC, &GPIO_InitStructure);

GPIO_InitStructure.GPIO_Pin = GPIO_Pin_0;
GPIO_Init(GPIOB, &GPIO_InitStructure);

GPIO_InitStructure.GPIO_Pin = GPIO_Pin_1;
GPIO_Init(GPIOB, &GPIO_InitStructure);

GPIO_InitStructure.GPIO_Pin = GPIO_Pin_2;
GPIO_Init(GPIOB, &GPIO_InitStructure);

GPIO_InitStructure.GPIO_Pin = GPIO_Pin_3;
GPIO_Init(GPIOB, &GPIO_InitStructure);

GPIO_InitStructure.GPIO_Pin = GPIO_Pin_4;
GPIO_Init(GPIOB, &GPIO_InitStructure);

GPIO_InitStructure.GPIO_Pin = GPIO_Pin_5;
```

```
        GPIO_Init(GPIOB, &GPIO_InitStructure);

        GPIO_InitStructure.GPIO_Pin = GPIO_Pin_6;
        GPIO_Init(GPIOB, &GPIO_InitStructure);

        GPIO_InitStructure.GPIO_Pin = GPIO_Pin_7;
        GPIO_Init(GPIOB, &GPIO_InitStructure);
    GPIO_SetBits(GPIOC, GPIO_Pin_0 |GPIO_Pin_1 |GPIO_Pin_2 |GPIO_Pin_3 |GPIO_Pin_4 |GPIO_
Pin_5 |GPIO_Pin_6 |GPIO_Pin_7);
        GPIO_SetBits(GPIOB,GPIO_Pin_0 |GPIO_Pin_1 |GPIO_Pin_2 |GPIO_Pin_3 |GPIO_Pin_4 |GPIO
_Pin_5 |GPIO_Pin_6 |GPIO_Pin_7);
    }
    /**********************************************************
    //名称:Light(void)
    //功能:红绿灯亮灯过程
    **********************************************************/
    void Light(void)
    {
        if(flag ==1)
            {
                if(NStime > =15)
                {
                    LED0_OFF;
                    LED2_OFF;
                    LED1_ON;
                    DUAN_ON;
                    GPIO_Write(GPIOB,0XFF);
                    DUAN_OFF;
                    WEI_ON;
                    GPIO_Write(GPIOB,0XFD);
                    WEI_OFF;
                }
                if(NStime <15&&NStime >5)
                {
                    LED0_OFF;
                    LED2_OFF;
                    LED1_ON;
                    DUAN_ON;
                    GPIO_Write(GPIOB,table[NStime-5]);
                    DUAN_OFF;
                    WEI_ON;
                    GPIO_Write(GPIOB,0XFD);
                    WEI_OFF;
```

```
        }
        if(NStime <= 5)
        {
            LED0_OFF;
            LED1_OFF;
            LED2_ON;
            DUAN_ON;
            GPIO_Write(GPIOB,0XFF);
            DUAN_OFF;
            WEI_ON;
            GPIO_Write(GPIOB,0XFD);
            WEI_OFF;

        }
        if(EWtime > =10)
        {
            LED4_OFF;
            LED5_OFF;
            LED3_ON;
            DUAN_ON;
            GPIO_Write(GPIOB,0XFF);
            DUAN_OFF;
            WEI_ON;
            GPIO_Write(GPIOB,0XFE);
            WEI_OFF;
        }
        if(EWtime < 10)
        {
            LED4_OFF;
            LED5_OFF;
            LED3_ON;
            DUAN_ON;
            GPIO_Write(GPIOB,table[EWtime]);
            DUAN_OFF;
            WEI_ON;
            GPIO_Write(GPIOB,0XFE);
            WEI_OFF;
        }
    }
    if(flag == 0)
    {
            if(EWtime > =15)
        {
```

```
        LED3_OFF;
        LED5_OFF;
        LED4_ON;
        DUAN_ON;
        GPIO_Write(GPIOB,0XFF);
        DUAN_OFF;
        WEI_ON;
        GPIO_Write(GPIOB,0XFE);
        WEI_OFF;
}
if(EWtime<15&&EWtime>5)
{
        LED3_OFF;
        LED5_OFF;
        LED4_ON;
        DUAN_ON;
        GPIO_Write(GPIOB,table[EWtime-5]);
        DUAN_OFF;
        WEI_ON;
        GPIO_Write(GPIOB,0XFE);
        WEI_OFF;
}
if(EWtime<=5)
{
        LED3_OFF;
        LED4_OFF;
        LED5_ON;
        DUAN_ON;
        GPIO_Write(GPIOB,0XFF);
        DUAN_OFF;
        WEI_ON;
        GPIO_Write(GPIOB,0XFE);
        WEI_OFF;

}
if(NStime>=10)
{
        LED1_OFF;
        LED2_OFF;
        LED0_ON;
        DUAN_ON;
        GPIO_Write(GPIOB,0XFF);
        DUAN_OFF;
```

```
                    WEI_ON;
                    GPIO_Write(GPIOB,0XFD);
                    WEI_OFF;
                }
                if(NStime<10)
                {
                    LED1_OFF;
                    LED2_OFF;
                    LED0_ON;
                    DUAN_ON;
                    GPIO_Write(GPIOB,table[NStime]);
                    DUAN_OFF;
                    WEI_ON;
                    GPIO_Write(GPIOB,0XFD);
                    WEI_OFF;
                }
        }
    }
}
/************************************************************
//名称:TIM2_NVIC_Configuration(void)
//功能:定时器2中断优先级配置
************************************************************/
void TIM2_NVIC_Configuration(void)
{
        NVIC_InitTypeDef NVIC_InitStructure;

        NVIC_PriorityGroupConfig(NVIC_PriorityGroup_0);
        NVIC_InitStructure.NVIC_IRQChannel = TIM2_IRQn;
        NVIC_InitStructure.NVIC_IRQChannelPreemptionPriority=0;
        NVIC_InitStructure.NVIC_IRQChannelSubPriority=3;
        NVIC_InitStructure.NVIC_IRQChannelCmd=ENABLE;
        NVIC_Init(&NVIC_InitStructure);
}
/************************************************************
//名称:TIM2_Init(void)
//功能:定时器2初始化
************************************************************/
void TIM2_Init(void)
{
        TIM_TimeBaseInitTypeDef   TIM_TimeBaseStructure;
        RCC_APB1PeriphClockCmd(RCC_APB1Periph_TIM2 , ENABLE);
        TIM_TimeBaseStructure.TIM_Period=9999;
        TIM_TimeBaseStructure.TIM_Prescaler=7199;
```

```
            TIM_TimeBaseStructure. TIM_ClockDivision = 0;
            TIM_TimeBaseStructure. TIM_CounterMode = TIM_CounterMode_Up;
            TIM_TimeBaseInit(TIM2, &TIM_TimeBaseStructure);
            TIM_ClearFlag(TIM2, TIM_FLAG_Update);
            TIM_ITConfig(TIM2,TIM_IT_Update,ENABLE);
            TIM_Cmd(TIM2, ENABLE);
            RCC_APB1PeriphClockCmd(RCC_APB1Periph_TIM2 , DISABLE);
}
/************************************************************
//名称:TIM2_IRQHandler(void)
//功能:定时器 2 中断服务函数
*************************************************************/
void TIM2_IRQHandler(void)
{
        if(TIM_GetITStatus(TIM2, TIM_IT_Update) ! = RESET)
            {
                if(NStime <= 0)

                {
                NStime = INPUT;
                flag^ = flag;
                }
            NStime--;
            EWtime = NStime;
            TIM_ClearITPendingBit(TIM2, TIM_IT_Update );
            }
}
/************************************************************
//名称:NVIC_Configuration(void)
//功能:外部中断线配置
*************************************************************/
static void NVIC_Configuration(void)
{
        NVIC_InitTypeDef NVIC_InitStructure;
        NVIC_PriorityGroupConfig(NVIC_PriorityGroup_1);
        NVIC_InitStructure. NVIC_IRQChannel = EXTI0_IRQn;
        NVIC_InitStructure. NVIC_IRQChannelPreemptionPriority = 0;
        NVIC_InitStructure. NVIC_IRQChannelSubPriority = 0;
        NVIC_InitStructure. NVIC_IRQChannelCmd = ENABLE;
        NVIC_Init(&NVIC_InitStructure);
}
/************************************************************
//名称:EXTI_Config(void)
```

```
//功能:外部中断初始化
**********************************************************/
void EXTI_Config(void)
{
        EXTI_InitTypeDef EXTI_InitStructure;
        NVIC_InitTypeDef NVIC_InitStructure;

        RCC_APB2PeriphClockCmd(RCC_APB2Periph_AFIO,ENABLE);

        NVIC_Configuration();

        GPIO_EXTILineConfig(GPIO_PortSourceGPIOC, GPIO_PinSource9);
        EXTI_InitStructure.EXTI_Line = EXTI_Line9;
        EXTI_InitStructure.EXTI_Mode = EXTI_Mode_Interrupt;
        EXTI_InitStructure.EXTI_Trigger = EXTI_Trigger_Falling;
        EXTI_InitStructure.EXTI_LineCmd = ENABLE;
        EXTI_Init(&EXTI_InitStructure);

        GPIO_EXTILineConfig(GPIO_PortSourceGPIOA,GPIO_PinSource15);
        EXTI_InitStructure.EXTI_Line = EXTI_Line15;
        EXTI_InitStructure.EXTI_Mode = EXTI_Mode_Interrupt;
        EXTI_InitStructure.EXTI_Trigger = EXTI_Trigger_Falling;
        EXTI_InitStructure.EXTI_LineCmd = ENABLE;
        EXTI_Init(&EXTI_InitStructure);

        NVIC_InitStructure.NVIC_IRQChannel = EXTI9_5_IRQn;
        NVIC_InitStructure.NVIC_IRQChannelPreemptionPriority = 0x02;
        NVIC_InitStructure.NVIC_IRQChannelSubPriority = 0x01;
        NVIC_InitStructure.NVIC_IRQChannelCmd = ENABLE;
        NVIC_Init(&NVIC_InitStructure);

        NVIC_InitStructure.NVIC_IRQChannel = EXTI15_10_IRQn;
        NVIC_InitStructure.NVIC_IRQChannelPreemptionPriority = 0x02;
        NVIC_InitStructure.NVIC_IRQChannelSubPriority = 0x00;
        NVIC_InitStructure.NVIC_IRQChannelCmd = ENABLE;
        NVIC_Init(&NVIC_InitStructure);
}
/***********************************************************
//名称:EXTI9_5_IRQHandler(void)
//功能:中断线 5~9 服务函数
**********************************************************/
void EXTI9_5_IRQHandler(void)
{
```

```
        delayms(10);
        if(GPIO_ReadInputDataBit(GPIOC,GPIO_Pin_9)= =0)
        {
                INPUT+ =1;
        }
        EXTI_ClearITPendingBit(EXTI_Line9);
}
/************************************************************
//名称:EXTI15_10_IRQHandler(void)
//功能:中断线10~15服务函数
*************************************************************/
void EXTI15_10_IRQHandler(void)
{
        delayms(10);
        if(GPIO_ReadInputDataBit(GPIOA,GPIO_Pin_15)= =0)
        {
                INPUT- =1;
        }
        EXTI_ClearITPendingBit(EXTI_Line15);
}
/************************************************************
//名称:delayms(uint32_t ms)
//功能:简单延时函数
*************************************************************/
void delayms(uint32_t ms)
{ u32 n,m;
        for(;ms>0;ms--)
            for(n=10; n>0; n--)
                for(m=7199; m>0; m--);
}
```

● 问题及知识点引入

◇ STM32 的外部中断是怎样工作的?

◇ 外部中断相关的寄存器都有哪些, 它们有什么功能?

◇ 如何配置外部中断?

12.3.1 STM32 外部中断介绍

STM32 的中断性能非常强大, 有 19 个能产生事件/中断请求的边沿检测器。每个输入线可以独立地配置输入类型 (脉冲或挂起) 和对应的触发事件 (上升沿或下降沿或者双边沿都触发)。每个输入线都可以独立地被屏蔽, 挂起寄存器保持着状态线的中断请求。因此, 把按键检测改为由中断处理, 可以很大地提高效率。

外部中断/事件控制器如图 12-19 所示, 要产生中断, 必须先配置好并使能中断线。根

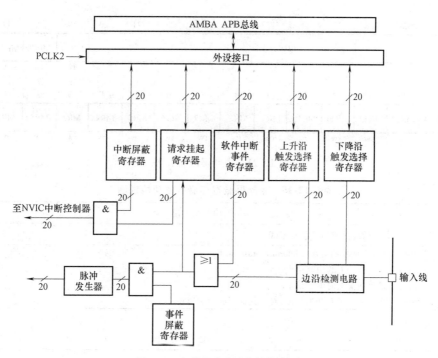

图 12-19 外部中断/事件控制器

据需要的边沿检测设置两个触发寄存器,同时在中断屏蔽寄存器的相应位写 1 允许中断请求。当外部中断线上发生了需要的边沿时,将产生一个中断请求,对应的挂起位也随之被置 1。在挂起寄存器的对应位写 1,将清除该中断请求。如果需要产生事件,必须先配置好并使能事件线。根据需要的边沿检测设置两个触发寄存器,同时在事件屏蔽寄存器的相应位写 1 允许事件请求。当事件线上发生了需要的边沿时,将产生一个事件请求脉冲,对应的挂起位不被置 1。通过在软件中断/事件寄存器写 1,也可以通过软件产生中断。

外部中断通用 I/O 映像如图 12-20 所示。IO 口 0 ~ 15 连接到中断线 EXTI0-15;EXTI 线 16 连接到 PVD 输出;EXTI 线 17 连接到 RTC 闹钟事件;EXTI 线 18 连接到 USB 唤醒事件。

12.3.2 STM32 中断相关定时器

(1) EXTI_IMR。中断屏蔽寄存器如图 12-21 所示,其各位功能说明见表 12-15。

(2) EXTI_EMR。事件屏蔽寄存器如图 12-22 所示,各位功能说明见表 12-16。

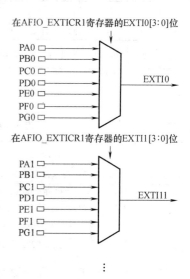

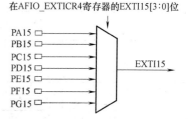

图 12-20 外部中断通用 I/O 映像

31	30	29	28	27	26	25	24	23	22	21	20	19	18	17	16
保留												MR19	MR18	MR17	MR16
												rw	rw	rw	rw

15	14	13	12	11	10	9	8	7	6	5	4	3	2	1	0
MR15	MR14	MR13	MR12	MR11	MR10	MR9	MR8	MR7	MR6	MR5	MR4	MR3	MR2	MR1	MR0
rw	rw	rw	rw	rw	rw	rw	rw	rw	rw	rw	rw	rw	rw	rw	rw

图 12-21　中断屏蔽寄存器

表 12-15　中断屏蔽寄存器各位功能说明

位	功　能　说　明
31:20	保留,必须始终保持为复位状态(0)
19:0	MRx:线 x 上的中断屏蔽（Interrupt Mask on line x） 0:屏蔽来自线 x 上的中断请求 1:开放来自线 x 上的中断请求 注:位 19 只适用于互联型产品,对于其他产品为保留位

31	30	29	28	27	26	25	24	23	22	21	20	19	18	17	16
保留												MR19	MR18	MR17	MR16
												rw	rw	rw	rw

15	14	13	12	11	10	9	8	7	6	5	4	3	2	1	0
MR15	MR14	MR13	MR12	MR11	MR10	MR9	MR8	MR7	MR6	MR5	MR4	MR3	MR2	MR1	MR0
rw	rw	rw	rw	rw	rw	rw	rw	rw	rw	rw	rw	rw	rw	rw	rw

图 12-22　事件屏蔽寄存器

表 12-16　事件屏蔽寄存器各位功能说明

位	功　能　说　明
31:20	保留,必须始终保持为复位状态(0)
19:0	MRx:线 x 上的事件屏蔽（Event Mask on line x） 0:屏蔽来自线 x 上的事件请求 1:开放来自线 x 上的事件请求 注:位 19 只适用于互联型产品,对于其他产品为保留位

（3）EXTI_RTSR。上升沿触发选择寄存器如图 12-23 所示，各位功能说明见表 12-17。

31	30	29	28	27	26	25	24	23	22	21	20	19	18	17	16
保留												TR19	TR18	TR17	TR16
												rw	rw	rw	rw

15	14	13	12	11	10	9	8	7	6	5	4	3	2	1	0
TR15	TR14	TR13	TR12	TR11	TR10	TR9	TR8	TR7	TR6	TR5	TR4	TR3	TR2	TR1	TR0
rw	rw	rw	rw	rw	rw	rw	rw	rw	rw	rw	rw	rw	rw	rw	rw

图 12-23　上升沿触发选择寄存器

表 12-17　上升沿触发选择寄存器各位功能说明

位	功　能　说　明
31:19	保留,必须始终保持为复位状态(0)
18:0	TRx:线 x 上的上升沿触发事件配置位（Rising trigger event configuration bit of line x） 0:禁止输入线 x 上的上升沿触发(中断和事件) 1:允许输入线 x 上的上升沿触发(中断和事件) 注:位 19 只适用于互联型产品,对于其他产品为保留位

（4）EXTI_FTSR。下降沿触发选择寄存器如图 12-24 所示，其各位功能说明见表 12-18。

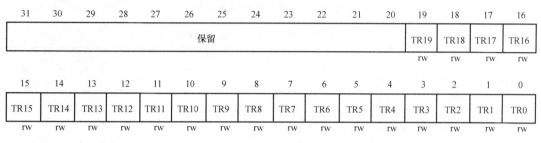

图 12-24　下降沿触发选择寄存器

表 12-18　下降沿触发选择寄存器各位功能说明

位	功　能　说　明
31:20	保留,必须始终保持为复位状态(0)
19:0	TRx:线 x 上的下降沿触发事件配置位（Falling trigger event configuration bit of line x） 0:禁止输入线 x 上的下降沿触发(中断和事件) 1:允许输入线 x 上的下降沿触发(中断和事件) 注:位 19 只适用于互联型产品,对于其他产品为保留位

（5）EXTI_SWIER 软件中断事件寄存器如图 12-25 所示，其各位功能说明见表 12-19。

31	30	29	28	27	26	25	24	23	22	21	20	19	18	17	16
保留												SWIER 19	SWIER 18	SWIER 17	SWIER 16
												rw	rw	rw	rw

15	14	13	12	11	10	9	8	7	6	5	4	3	2	1	0
SWIER 15	SWIER 14	SWIER 13	SWIER 12	SWIER 11	SWIER 10	SWIER 9	SWIER 8	SWIER 7	SWIER 6	SWIER 5	SWIER 4	SWIER 3	SWIER 2	SWIER 1	SWIER 0
rw	rw	rw	rw	rw	rw	rw	rw	rw	rw	rw	rw	rw	rw	rw	rw

图 12-25　软件中断事件寄存器

表 12-19　软件中断事件寄存器各位功能说明

位	功　能　说　明
31:20	保留,必须始终保持为复位状态(0)
19:0	SWIERx:线 x 上的软件中断（Software interrupt on line x） 当该位为 0 时,写 1 将设置 EXTI_PR 中相应的挂起位。如果在 EXTI_IMR 和 EXTI_EMR 中允许产生该中断,则此时将产生一个中断 　注:通过清除 EXTI_PR 的对应位(写入 1),可以清除该位为 0。位 19 只适用于互联型产品,对于其他产品为保留位

（6）EXTI_SWIER 软件中断事件寄存器如图 12-26 所示，其各位功能说明见表 12-20。

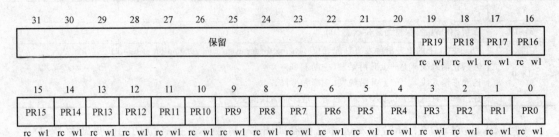

图 12-26　软件中断事件寄存器

表 12-20　软件中断事件寄存器各位功能说明

位	功　能　说　明
31:20	保留，必须始终保持为复位状态(0)
19:0	PRx:挂起位（Pending bit） 0:没有发生触发请求 1:发生了选择的触发请求 当在外部中断上发生了选择的边沿事件,该位被置1。在该位中写入1可以清除它,也可以通过改变边沿检测的极性清除 注:位19只适用于互联型产品,对于其他产品为保留位

12.3.3　配置外部中断

配置外部中断的一般步骤如下：

（1）使能 EXTI 中断线的时钟和 AFIO 时钟。

（2）配置 EXTI 中断线的优先级。

（3）配置 EXTI 中断线的对应 IO 口。

（4）配置 EXTI 的 IO 口工作模式。

（5）配置 EXTI 中断线工作模式配置。

附 录

附录 A　行动导向教学法概述

　　姜大源教授在《职业教育学研究新论》中指出：职业教育专业教学需要围绕教学目标、教学过程、教学行动 3 个层面展开。其一，职业教育的教学目标应以本专业所对应的典型职业活动的工作能力为导向。职业教育是以能力为本位的教育，是建立在学习者掌握本专业基本的职业技能、职业知识和职业态度的过程中，着重于职业能力培养的教育模式。对职业教育的教学目标来说，过程比结果更重要，能力比资格更重要。其二，职业教育的教学过程应以本专业所对应的典型职业活动的工作过程为导向。职业教育的教学过程应该以职业的工作过程作为参照体系，强调通过对工作过程中"学"的过程去获取自我建构"过程性知识"的经验，并可进一步发展为策略，主要解决"怎么做"（经验）和"怎么做更好"（策略）的问题；而不是通过"教"的过程来传授"陈述性知识"的理论，解决"是什么"（事实、概念等）和"为什么"（原理、规律等）的问题。职业教育教学内容的排序应按工作过程展开，针对行动顺序的每一个过程环节来传授相关的教学内容。其三，职业教育的教学行动是以本专业所对应的典型的职业活动的工作情境为导向。职业教育的教学行动应以情境性原则为主、科学性原则为辅。情境是指职业情境。职业教育的教学是一种"有目标的活动"，强调"行动即学习"，行为作为一种状态，是行动的结果，这是职业教育的教学特征之一。基于职业情境的、采取行动导向的教学体系称为行动导向教学体系。

1. 行动导向教学的内涵

　　行动导向教学的内涵主要体现在行动导向教学的目标是培养学生的关键能力；行动导向教学的内容是"工作过程系统化"课程内容；行动导向教学方法是以学生的"学"为主，教师的"教"是为学生的"学"服务的；行动导向教学要求为学生创设良好的教学情境，让学生能在贴近社会活动和职业活动的环境与氛围中学习。行动导向教学体系在培养学生的关键能力上进行了完整的设计，有效地促进和落实了学生综合素质的全面培养。

2. 行动导向教学的特点

　　职业教育的行动导向教学其基本意义在于学生是学习过程的中心，教师是学习过程的组织者与协调人；遵循"资讯、计划、决策、实施、检查、评估"完整的"行动"过程；在教学中教师与学生互动，让学生通过"独立地获取信息、独立地制定计划、独立地实施计划、独立地评估计划"，在自己"动手"的实践中，掌握职业技能、习得专业知识，从而构建属于自己的经验和知识体系。

行动导向教学具有以下特点：

（1）教学目标的综合性。行动导向教学的目标指向不仅包括陈述性知识和程序性知识中的动作技能，更将指导做事和学习技能的获得以及培养严谨认真的工作态度放在重要的地位，通过对问题或任务的实际解决习得解决问题的方法，全面提高学生的社会能力、个性能力和学生的综合素质。因此，教学目标应该包括知识、技能和态度3部分。

（2）学生学习的主体性。行动导向教学强调：学生作为学习的行动主体，以职业情境中的行动能力为目标，以基于职业情境的学习情境中的行动过程为途径，以独立地计划、独立地实施与独立地评估即自我调节的行动为方法，以教师及学生之间互动的合作行动为方式，以强调学习中学生自我构建的行动过程为学习过程，以专业能力、方法能力、社会能力整合后形成的行动能力为评价标准。教学设计中采取以学生为中心的教学组织形式，倡导"以人为本"，把教学与活动结合起来，让学生在活动中自主学习，通过活动引导学生将知识与实践活动相结合，以加深对专业知识的理解和运用。在活动中培养学生的个性，使学生的创新意识和创新能力得到充分的发挥。

（3）教学过程的互动性。行动导向教学在教学过程中不再是一种单纯的老师讲、学生听的教学模式，而是师生互动型的教学模式。教学活动中，教师的作用发生了根本的变化，即从传统的主角，教学的组织领导者变为活动的引导者、学习的辅导者。学生作为学习的主体充分发挥了学习的主动性和积极性，变"要我学"为"我要学"。行动导向教学提倡创设尽可能大的合作学习空间，学习任务应能促进交流与合作，学生和教师以团队形式共同解决提出的问题。在教学中不仅有教师向学生传授知识的活动，还有学生与教师、学生与学生之间的交互学习活动，将单纯认知教学变为认知、情感、技能并重的教学，将追求知识的掌握变为掌握知识、培养技能、发展能力、实现学生个性能力的全面提高。

（4）教学活动的开放性。行动导向教学采用非学科式的、以能力为基础的职业活动模式。它是按照职业活动的要求，以学习领域的形式把与活动所需要的相关知识结合在一起进行学习的开放性教学。学生也不再是孤立的学习，而是以团队的形式进行研究性学习。教学设计为学生学习创造良好的教学情景，让学生自己寻找资料，研究教学内容；让学生扮演职业领域中的角色，体验专业岗位技能；让学生通过具体案例的讨论和思考，激发创造性潜能；让学生在团队活动中互相协作，共同完成学习任务；让学生按照展示技术的要求充分展示自己的学习成果，并进行鼓励性评价，培养学生的自信心、自尊心和成功感，培养学生的语言表达力，在开放、宽松、和谐的教学活动中全面提高学生的社会能力、个性能力和综合素质。

（5）教学方法的多样性。行动导向教学可以根据学习内容和教学目标选择相应的教学方法。如：项目教学法、引导文教学法、张贴板教学法、头脑风暴法、思维导图法、案例教学法、项目与迁移教学法等。职业教育的教学活动设计不仅要结合各种具体教学方法的科学合理使用，还需要注意教法的不断创新，根据不同专业特点和学习者具体情况以及教学内容、教学环境、教学要求和教学目标的变化，探索和创造出更多、更好地符合本职业教学需要的行动导向教学的新方法，体现专业特色，适应以能力为本的人才培养要求，更好地实现行动导向教学目的。

（6）教学情境的职业性。行动导向教学是根据完成某一职业工作活动所需要的行动、行动产生和维持所需要的环境条件以及从业者的内在调节机制来设计、实施和评价职业教育的教学活动，其目的在于促进学习者职业能力的发展，核心在于把行动过程与学习过程相统一。行动导向教学特别注重教学情境的创设，教学情境包括教学环境和教学情景，教学设计要注意创设通过有目的地组织学生在实际或模拟的专业环境中，为学生提供丰富的学习资源、媒体技术手段、教学设施设备，让学生产生身临其境的逼真效果，参与设计、实施、检查和评价职业活动的过程，同时还要注意营造特定的职业活动情景氛围，使学生在情景中产生情感上的共鸣，情不自禁地去思维、发现和探索，讨论和解决职业活动中出现的问题，体验并反思学习行动，最终获得完成相关职业活动所需要的知识和能力。

3. 行动导向教学法与传统教学法的区别

行动导向教学法与传统教学法的区别见表 A-1。

表 A-1　行动导向教学法与传统教学法的对比表

	行动导向教学法	传统教学法
教学形式	以学生活动为主，以学生为中心	以教师传授为主，以教师为中心
学习内容	以间接经验和直接经验并举，在验证间接经验的同时，某种程度上能更好地获得直接经验	以传授间接经验为主，学生也通过某类活动获取直接经验，但其目的是为了验证或加深对间接经验的理解
教学目标	兼顾认知目标、情感目标、行为目标的共同实现	注重认知目标的实现
教师作用	教师不仅仅是知识的传授者，更是学生行为的指导着和咨询者	知识的传授者
传递方式	双向的，教师可直接根据学生活动的成功与否获悉其接收教师信息的多少和深浅，便于指导和交流	单向的，教师演示，学生模仿
参与程度	学生参与程度很强，其结果往往表现为学生要学	学生参与程度较弱，其结果往往表现为要学生学
激励手段	激励是内在的，是从不会到会，在完成一项任务后通过获得喜悦满意的心理感受来实现	以分数为主要激励手段，是外在的激励
质量控制	质量控制是综合的	质量控制是单一的

4. 教学方法的选择依据

基于行动导向教学的特点，教学方法的选择依据主要考虑以下几个方面：

（1）教学目标的具体要求。教学方法的选择要以教学目标的具体要求为依据。课程单元教学是职业教育专业教学的基础，每个单元的教学均有对学生知识、技能、态度等方面既定的教学目标，而每一个目标的实现，都应该有相应的教学方法，不同的目标需要选择不同的教学方法。对像"嵌入式应用技术"这类偏向技能、应用类的单元的教学，为了达成教学目标，可以选择实验教学法、任务驱动教学法、项目教学法、模拟教学法等。

（2）教学对象的学习特点。教学方法的选择要以教学对象的学习特点为依据。行动导向教学方法是建立在学生作为学习主体的基础上的，教师对教学方法的选择要充分考虑学生的智力因素和非智力因素特点，立足于学生的可接受程度和适应性，一定要符合学生的原有基础水平、认知结构和个性特征。例如，对低年级和高年级的学生，在教学方法上就应该有所区别；对缺乏必要感性认识的或认识不够充分的学生与对感性认识较好的学生就应该有所区别；学生处于对知识的学习理解阶段和学生处于知识转化迁移阶段就应该有所区别。教师要根据教学对象的特点，善于选择那些能促进他们知识、技能和品质发展的教学方法。

（3）学校相应的教学条件。教学方法的选择要以学校相应的教学条件为依据。职业教育的发展与教学技术的运用为教学方法的实践提供了支撑。学校的教学资源，如教学设备、教学场地、实训场所、实习基地、教辅材料等都会影响教师对教学方法的选择范围。教师应该充分熟悉学校教学条件，最大限度地、最经济地利用学校现有教学资源，选择最优化的教学方法，实现最佳的教学效果。

（4）与本专业的适应性。教学方法的选择要以与本专业的适应性为依据。不同专业有其不同的特点，教学内容、教学要求和教学环境有很大的区别。教学方法的应用要符合专业内容教学的特殊要求，以利于达到专业教学的特定目标

5. 本课程教学方法示范

以数码管显示模块为例。数码管显示在单片机开发中应用非常普遍，可以很轻松地列出其在很多具体任务中的应用，如空调遥控器、智能洗衣机显示面板、智能电饭煲上的定时显示等。那么众多案例中到底哪几个最具有代表性呢？这就需要进行"工作过程系统化"的设计。

第一步，工作任务分析。

根据专业对应的工作岗位及岗位群实施典型工作任务分析，目的是从大量的工作任务之中筛选出典型工作。这里要考虑对应的课程的具体情况，单片机的工作任务主要是以设计为主，不同于操作工作，很难找到一个具体的实际任务可以简化到入门级，并且不同工作任务实际上只是相同的技术在不同场合的应用，是应用上的创新而不是知识上的创新。因此有必要对众多工作任务进行"任务筛选"，筛选的目标是找到不同任务中知识点的不同应用以及它们的递进关系，为下一步工作做准备。

第二步，行动领域归纳。

行动领域归纳又称作整合典型工作，即根据能力复杂程度整合典型工作任务形成综合能力领域。这就需要对典型工作任务进行归纳，将典型工作任务中具体技术的应用整理出来，最终整合形成源于典型工作任务而又精于典型工作任务，且符合企业需求的工作领域。

第三步，学习领域转换。

学习领域转换又称为课程体系构建。对归纳出来的工作任务进行"任务解构—任务重构"得到适合学习领域，即符合教学课程体系的 4 个基本工作任务：

* 任务 1　让数码显示 0
* 任务 2　从 0 ~ F 依次循环显示
* 任务 3　单个数码管依次轮流显示 0 ~ 7
* 任务 4　00 ~ 99 计数显示

这 4 个任务既符合从简单到复杂，从形象到抽象的认知学习规律，又符合从入门到熟悉，从单一到综合，从新手到专家的职业成长规律。

第四步，学习情境设计。

前三步在课程设计中尤为重要，但不会明显体现在教材上，而学习情境设计则是最终要在教材上体现的一步。关于每一个学习领域中学习情境设计的指导思想是：第一个学习情境

由教师"手把手"地教；第二个学习情境教师只讲与情境一不同的地方，属于"放开手"教；到第三个学习情境，教师则完全不讲而让学生自己去做，即所谓"甩开手"教。通过3个情境的比较学习，教师逐渐淡出教学舞台，学生逐渐进入成为舞台的主角。从教到学的转变，正是教育学的基本原则。

项目2中的四个任务就是基于该指导思想设计的。首先，任务1中先要求实现8位数码管全部显示0的功能。解决方法是给段选位送0的段码，然后让位选端（即PO口）8个引脚的状态全为0即可。任务2中，要求仍使用8位数码管共同循环显示0~F。与任务1相比，相同点在于位选数据不变，不同点在于需要每隔一段时间改变段选数据。任务3要求8位数码管由原来的同时显示改为每时刻只有一位数码管显示，显示内容改为从0~7轮流显示，间隔不变。解决方法是PO仍全为0，每间隔1s按0~7的顺序更换段码即可。

完成上述三步可以逐渐调短延时时间，并观察实验现象。当延时时间足够短时，实验板上就会出现8位数码管上同时显示0~7的数字，动态显示的原理就不言而喻了，在任务4中学生只要整合前几个任务的实现方式和代码，就基本上可以独立实现任务要求。

针对每一个具体任务，都是重复以下步骤：

提出任务→分析任务→实现任务→问题及知识点引入→知识点分析

6. 行动导向教学法运用应注意的几个问题

各种教学法的运用都有其自身特点。在行动导向教学法运用时，要注意处理和把握好以下几个问题：

（1）教师角色的转变。行动导向教学旨在用行为来引导学生、启发学生的学习兴趣，让学生在团队中自主地进行学习，培养学生的关键能力。在这种教学理念的指导下，教师首先需转变角色，要以主持人或引导人的身份引导学生学习，使用轻松愉快的、充满民主的教学风格进行教学。教师要把握好主持人的工作原则，在教学中控制教学的过程，而不要控制教学内容；要当好助手，不断地鼓励学生，使他们对学习充满信心并有能力去完成学习任务，培养学生独立工作的能力。

（2）教学文件的准备。在实施行动导向教学法时，教师要让学生在活动中学习并要按照职业活动的要求组织好教学内容，把与活动有关的知识、技能组合在一起让学生进行学习。教学要按学习领域的要求编制好教学计划、明确教学要求、安排好教学程序。上课前，要充分做好教学准备，事先确定通过哪些主题来实现教学目标，教学中要更多地使用工具、多媒体等教学设备，使学生的学习直观易懂，轻松高效。

（3）协作能力的培养。在实施行动导向教学法时，教师要为学生组织和编制好小组，建立以学生为中心的教学组织，让学生以团队的形式进行学习，培养学生的交往、交流和协作等社会能力。要充分发挥学生的主体作用，让学生自己去收集资料和信息，独立进行工作，自主进行学习，自己动手来掌握知识，在自主学习过程中学会学习。在教学过程中不断地让学生学会展示自己的学习成果。

（4）学习任务的完整。学习任务应尽可能完整，所反映的职业工作过程应该清晰透明。将传统劳动组织中相分离的计划、实施和检查工作内容结合起来进行教学设计，包含计划、实施、评估等步骤的完整职业工作过程。消除学科界限和专业分割，提倡完整的与客观职业活动相近的学习过程。行动导向教学一般采用跨学科的综合课程模式，不强调知识的学科系统性，而重视"案例"和"解决实际问题"以及学生自我管理式学习。

附录 B 80C51 单片机指令表

助记符	操作码	说　　　明	字节	振荡周期
ACALL addrll	X1 *	绝对子程序调用	2	24
ADD A,Rn	28～2F	寄存器和 A 相加	1	12
ADD A,direct	25	直接字节和 A 相加	2	12
ADD A,@R	26,27	间接 RAM 和 A 相加	1	12
ADD A,#data	24	立即数和 A 相加	2	12
ADDC A,Rn	38～3F	寄存器、进位位和 A 相加	1	12
ADDC A,dircet	35	直接字节、进位位和 A 相加	2	12
ADDC A,@R	36,37	间接 RAM、进位位和 A 相加	1	12
ADDC A,dircet	34	立即数、进位位和 A 相加	2	12
AJMP addrll	Y1 * *	绝对转移	2	24
ANL A,Rn	58～5F	寄存器和 A 相"与"	1	12
ANL A,direct	55	直接字节和 A 相"与"	2	12
ANL A,@Ri	56,57	间接 RAM 和 A 相"与"	1	12
ANL A,#data	54	立即数和 A 相"与"	2	12
ANL direct,A	52	A 和直接字节相"与"	2	12
ANL direct,#data	53	立即数和直接字节"与"	3	24
ANL C,bit	82	直接位和进位相"与"	2	24
ANL C,/bit	B0	直接位的反和进位相"与"	2	24
CJNE A,dircet,rel	B5	直接字节与 A 比较,不相等则相对转移	3	24
CJNE A,#data,rel	B4	立即数与 A 比较,不相等则相对转移	3	24
CJNE Rn,#data,rel	B8～BF	立即数与寄存器相比较,不相等则相对转移	3	24
CJNE @R,#data,rel	B6,B7	立即数与间接 RAM 相比较,不相等则相对转移	3	24
CLR A	E4	A 清零	1	12
CLR bit	C2	直接位清零	2	12
CLR C	C3	进位清零	1	12
CPL A	F4	A 取反	1	12
CPL bit	B2	直接位取反	2	12
CPL C	B3	进位取反	1	12
DA A	D4	A 的十进制加法调整	1	12
DEC A	14	A 减 1	1	12
DEC Rn	18～1F	寄存器减 1	1	12
DEC direct	15	直接字节减 1	2	12
DEC @Ri	16,17	间接 RAM 减 1	1	12
DIV AB	84	A 除以 B	1	48
DJNE Rn,rel	DB～DF	寄存器减 1,不为零则相对转移	3	24
DJNE direct,rel	D5	直接字节减 1,不为零则相对转移	3	24
INC A	04	A 加 1	1	12
INC Rn	08～0F	寄存器加 1	1	12
INC direct	05	直接字节加 1	2	12
INC @Ri	06,07	间接 RAM 加 1	1	12
INC DPTR	A3	数据指针加 1	1	24
JB bit;rel	20	直接位为 1,则相对转移	3	24
JBC bit,rel	10	直接位为 1,则相对转移,然后该位清 0	3	24
JC rel	40	进位为 1,则相对转移	2	24
JMP @A+DPTR	73	转移到 A+DPTR 所指的地址	1	24
JNB bit,rel	30	直接位为 0,则相对转移	3	24
JNC rel	50	进位为 0,则相对转移	2	24
JNZ rel	70	A 不为零,则相对转移	2	24
JZ rel	60	A 为零,则相对转移	2	24
LCALL addr16	Y1	长子程序调用	3	24
LJMP addr16	02	长转移	3	24
MOV A,Rn	E8～EF	寄存器送 A	1	12

（续）

助记符	操作码	说　　明	字节	振荡周期
MOV A,direct	E5	直接字节送 A	2	12
MOV A,@Ri	E6,E7	间接 RAM 送 A	1	12
MOV A,#data	74	立即数送 A	2	12
MOV Rn,A	F8～FF	A 送寄存器	1	12
MOV Rn,direct	A8～AF	直接字节送寄存器	2	24
MOV Rn,#data	78～7F	立即数送寄存器	2	12
MOV direct,A	F5	A 送直接字节	2	12
MOV direct,Rn	88～8F	寄存器送直接字节	2	24
MOV direct,direct	85	直接字节送直接字节	3	24
MOV direct,@Ri	86,87	间接 RAM 送直接字节	2	24
MOV direct,#data	75	立即数送直接字节	3	24
MOV @Ri,A	F6,F7	A 送间接 RAM	1	12
MOV @Ri,direct	A6,A7	直接字节送间接 RAM	2	24
MOV @Ri,#data	76,77	立即数送间接 RAM	2	12
MOV C,bit	A2	直接位进位	2	12
MOV bit,C	92	进位送直接位	2	24
MOV DPTR,#data16	90	16 位常数送数据指针	3	24
MOVC A,@A+DPTR	93	由 A+DPTR 寻直的程序存储器字节送 A	1	24
MOVC A,@A+PC	83	由 A+PC 寻址的程序存储字节送 A	1	24
MOVX A,@Ri	E2,E3	外部数据存储器(8 位地址)送 A	1	24
MOVX A,@DPTR	E0	外部数据存储器(16 位地址)送 A	1	24
MOVX @Ri,A	F2,F3	A 送外部数据存储器(8 位地址)	1	24
MOVX @DPTR,A	F0	A 送外部数据存储器(16 位地址)	1	24
MUL AB	A4	A 乘以 B	1	48
NOP	00	空操作	1	12
ORL A,Rn	48～4F	寄存器和 A 相"或"	1	12
ORL A,direct	45	直接字节和 A 相"或"	2	12
ORL A,@Ri	46,47	间接 RAM 和 A 相"或"	1	12
ORL A,#data	44	立接数和 A 相"或"	2	12
ORL direct,A	42	A 和直接。字节"或"	2	12
ORL dircct,#data	43	立即数和直接字节相"或"	3	24
ORL C,bit	72	直接位和进位相"或"	2	24
ORL C,/bit	A0	直接位的反和进位相"或"	2	24
POP direct	D0	直接字节退栈,SP 减 1	2	24
PUSH direct	C0	SP 加 1,直接字节进栈	2	24
RET	22	子程序调用返回	1	24
RETI	32	中断返回	1	24
RL A	23	A 左环移	1	12
RLC A	33	A 带进位左环移	1	12
RR A	03	A 右环移	1	12
RRC A	13	A 带进位右环移	1	12
SETB bit	D2	直接位置位	2	12
SETB C	D3	进位置位	1	12
SJMP rel	80	短转移	2	24
SUBB A,Rn	98～F	A 减去寄存器及进位位	1	12
SUBB A,direct	95	A 减去直接字节及进位位	2	12
SUBB A,@Ri	96,97	A 减去间接 RAM 及进位位	1	12
SUBB A,#data	94	A 减去立即数及进位位	2	12
SWAP A	C4	A 的高半字节和低半字节交换	1	12
XCH A,Rn	C8～CF	A 和寄存器交换	1	12
XCH A,direct	C5	A 和直接字节交换	2	12

（续）

助记符	操作码	说　　明	字节	振荡周期
XCH A,@ Ri	C6,C7	A 和间接 RAM 交换	1	12
XCHD A,@ Ri	D6,D7	A 和间接 RAM 的低四位交换	1	12
XRL A,Rn	68 ~ 6F	寄存器和 A 相"异或"	1	12
XRL A,direct	65	直接字节和 A 相"异或"	2	12
XRL A,@ Ri	66,67	间接 RAM 和 A 相"异或"	1	12
XRL A, #data	64	立即数和 A 相"异或"	2	12
XRL direct,A	62	A 和直接字节相"异或"	2	12
XRL direct,#data	63	立即数和直接字节相"异或"	3	24

附录 C　C 语言优先级及其结合性

优先级	运算符	名称或含义	使用形式	结合方向	说明
1	[ ]	数组下标	数组名[常量表达式]	左到右	
	( )	圆括号	(表达式)/函数名(形参表)		
	.	成员选择(对象)	对象.成员名		
	->	成员选择(指针)	对象指针 -> 成员名		
2	−	负号运算符	− 表达式	右到左	单目运算符
	(类型)	强制类型转换	(数据类型)表达式		
	+ +	自增运算符	+ +变量名/变量名 + +		单目运算符
	− −	自减运算符	− −变量名/变量名 − −		单目运算符
	*	取值运算符	*指针变量		单目运算符
	&	取地址运算符	& 变量名		单目运算符
	!	逻辑非运算符	! 表达式		单目运算符
	~	按位取反运算符	~ 表达式		单目运算符
	sizeof	长度运算符	sizeof(表达式)		
3	/	除	表达式/表达式	左到右	双目运算符
	*	乘	表达式 * 表达式		双目运算符
	%	余数(取模)	整型表达式% 整型表达式		双目运算符
4	+	加	表达式 + 表达式	左到右	双目运算符
	−	减	表达式 − 表达式		双目运算符
5	<<	左移	变量 << 表达式	左到右	双目运算符
	>>	右移	变量 >> 表达式		双目运算符
6	>	大于	表达式 > 表达式	左到右	双目运算符
	> =	大于等于	表达式 > = 表达式		双目运算符
	<	小于	表达式 < 表达式		双目运算符
	< =	小于等于	表达式 < = 表达式		双目运算符
7	= =	等于	表达式 = = 表达式	左到右	双目运算符
	! =	不等于	表达式! = 表达式		双目运算符
8	&	按位与	表达式 & 表达式	左到右	双目运算符
9	^	按位异或	表达式^表达式	左到右	双目运算符
10	|	按位或	表达式|表达式	左到右	双目运算符
11	&&	逻辑与	表达式 && 表达式	左到右	双目运算符
12	||	逻辑或	表达式||表达式	左到右	双目运算符
13	?:	条件运算符	表达式1? 表达式2: 表达式3	右到左	三目运算符
14	=	赋值运算符	变量 = 表达式	右到左	
	/ =	除后赋值	变量/ = 表达式		
	* =	乘后赋值	变量 * = 表达式		
	% =	取模后赋值	变量% = 表达式		

（续）

优先级	运算符	名称或含义	使用形式	结合方向	说明
14	+ =	加后赋值	变量 + = 表达式	右到左	
	– =	减后赋值	变量 – = 表达式		
	<< =	左移后赋值	变量 << = 表达式		
	>> =	右移后赋值	变量 >> = 表达式		
	& =	按位与后赋值	变量 & = 表达式		
	^ =	按位异或后赋值	变量^ = 表达式		
	| =	按位或赋值	变量| = 表达式		
15	,	逗号运算符	表达式,表达式,…	左到右	从左向右顺序运算

附录 D　ASCII 码表

ASCII 值	控制字符	ASCII 值	控制字符	ASCII 值	控制字符	ASCII 值	控制字符
0	NUT	32	（space）	64	@	96	、
1	SOH	33	!	65	A	97	a
2	STX	34	”	66	B	98	b
3	ETX	35	#	67	C	99	c
4	EOT	36	$	68	D	100	d
5	ENQ	37	%	69	E	101	e
6	ACK	38	&	70	F	102	f
7	BEL	39	,	71	G	103	g
8	BS	40	(	72	H	104	h
9	HT	41	)	73	I	105	i
10	LF	42	*	74	J	106	j
11	VT	43	+	75	K	107	k
12	FF	44	,	76	L	108	l
13	CR	45	–	77	M	109	m
14	SO	46	.	78	N	110	n
15	SI	47	/	79	O	111	o
16	DLE	48	0	80	P	112	p
17	DCI	49	1	81	Q	113	q
18	DC2	50	2	82	R	114	r
19	DC3	51	3	83	X	115	s
20	DC4	52	4	84	T	116	t
21	NAK	53	5	85	U	117	u
22	SYN	54	6	86	V	118	v
23	TB	55	7	87	W	119	w
24	CAN	56	8	88	X	120	x
25	EM	57	9	89	Y	121	y
26	SUB	58	:	90	Z	122	z
27	ESC	59	;	91	[	123	¦
28	FS	60	<	92	\	124	|
29	GS	61	=	93	]	125	¦
30	RS	62	>	94	^	126	~
31	US	63	?	95	—	127	DEL

参 考 文 献

[1] 万隆，巴奉丽. 单片机原理及应用技术 [M]. 2 版. 北京：清华大学出版社，2010.

[2] 晁阳. MCS-51 原理及应用开发教程 [M]. 北京：清华大学出版社，2007.

[3] 李全利. 单片机原理及应用 [M]. 北京：清华大学出版社，2006.

[4] 刘迎春. 单片机原理及应用 [M]. 北京：清华大学出版社，2005.

[5] 江力. 单片机原理与应用技术 [M]. 北京：清华大学出版社，2006.

[6] 谭浩强. C 语言设计 [M]. 3 版. 北京：清华大学出版社，2005.

[7] 马忠梅. 单片机的 C 语言应用程序设计 [M]. 4 版. 北京：北京航空航天大学出版社，2007.

[8] 张毅刚. 新编 MCS-51 单片机应用设计 [M]. 哈尔滨：哈尔滨工业大学出版社，2006.

[9] 魏立峰，王宝兴. 单片机原理与应用技术 [M]. 北京：北京大学出版社，2006.

[10] 刘光斌. 单片机系统实用抗干扰技术 [M]. 北京：人民邮电出版社，2003.

[11] 张靖武. 单片机原理、应用与 PROTUES 仿真 [M]. 北京：电子工业出版社，2008.

[12] 周润景. PROTEUS 入门实用教程 [M]. 北京：机械工业出版社，2007.